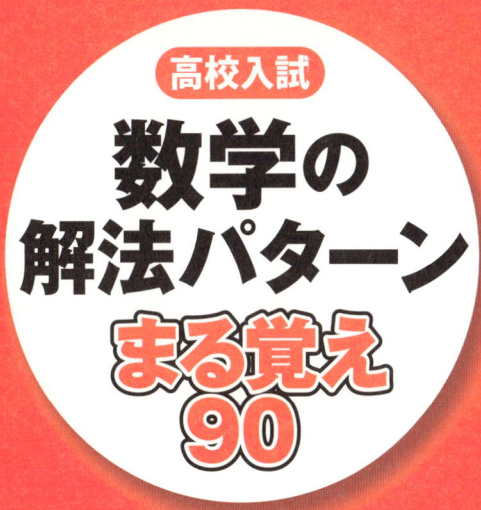

高校入試
数学の解法パターン
まる覚え90

秀英予備校
阿部 雄次

はじめに

数学の問題が解けないときに，

「私には"才能"がないからできないんだ」

という言葉をよく耳にします。

ところで，算数と数学は学習することは似ていますが，その違いには次のような点があると考えられます。

算数では，多くの公式を使って**計算することが中心**の学習をしてきたと思いますが，数学では，**公式それ自体について思考する**学習をおもにします。例えば，

「文字式を用いてある数の倍数であることを説明する」

ことや，

「図形の性質を利用して合同であることを証明する」

ことを学習します。

このことより，算数は得意だったのに，数学は苦手という人は，公式を使って計算することは得意でも，公式自体についての思考は苦手と解釈することができます。

ところで，すべての数学公式は証明できます。したがって，数学において**必要なのは"才能"よりも"思考力"**であると，私は考えています。

しかし，"思考力"が必要といわれても，簡単に身につく人とそうでない人がいます。そして，それが身につかない人は，問題の意図を理解せずに問題を解き，答えがあっているかどうかを確認するだけの学習をしている傾向があります。

　このような学習方法をくり返している人は，学校の定期テストでは高得点をとれるかもしれませんが，**高校入試で高得点をとることは難しい**と思います。

　そのため本書は，高校入試に向けて，学校の授業やその復習および多くの問題を解くだけでは簡単に身につかないのであろう"思考力"が，入試によく出題されている問題を通して，身につくように書いたものです。

　この本を読めば入試でよく出題されている問題もわかると思います。しかし，それ以上に，本書の解法を通じて，"思考力"を身につけるきっかけになってほしいということが，本書のねらいです。

▷ 本書のレベル

　本書では，**公立高校を目指す人を対象**にしています。本書で紹介した解法と同じように普段から問題を解くように心がけてください。

　なお先述のとおり，算数と数学は学習することは似ています。また教科の性質上，積み重ねの学習がとても大きいですから，中学校で学習する内容だけでなく，小学校で学習した内容や，この先，高校で学習する内容も一部含んでいます。

▷ 本書の読み方

　実際にある都道府県の入試で出題された問題(一部，改題)を用いて，それぞれを

公式 ➡ 例題 ➡ 使い方ナビ ➡ 解答

という流れで説明しています。

　さらに，テーマによっては，**公式のなりたち！** が書かれています。すでに確認したとおり，数学の公式はすべて証明できるので，「なりたち」を理解しておくことは非常に有益ですし，"思考力"もつちかわれます。

　また，中学数学の履修範囲内だけでは扱いきれない内容もあり，高校数学レベル以上の内容まで掘り下げて書かれているので，余裕のある人は読んでみてください。

▷ 最後に

　本書を手にしたみなさんが，高校入試でよい結果を得られることを期待しています。

秀英予備校　　阿部　雄次

もくじ

はじめに ・・・・・・・・・・・・・・・・・・・・・・・・・・・ 3

第1章　式の計算・方程式

1. 分配法則 ・・・・・・・・・・・・・・・・・・・・・・・・ 12
2. 規則性 ・・・・・・・・・・・・・・・・・・・・・・・・・・ 13
3. 商とあまり ・・・・・・・・・・・・・・・・・・・・・・ 14
4. 乗法公式 ・・・・・・・・・・・・・・・・・・・・・・・・ 15
5. 自然数の2乗になる数 ・・・・・・・・・・・・ 16
6. 因数分解の公式 ・・・・・・・・・・・・・・・・・・ 18
7. 式の値 ・・・・・・・・・・・・・・・・・・・・・・・・・・ 19
8. 根号($\sqrt{}$)をふくむ数の加減 ・・・・・・・ 20
9. 分母の有理化 ・・・・・・・・・・・・・・・・・・・・ 21
10. $\sqrt{a}$とbの大小関係 ・・・・・・・・・・・・・・・・ 22
11. $\sqrt{a}$の整数部分と小数部分 ・・・・・・・・・・ 23
12. $n<\sqrt{a}<n+1$ をみたすaの個数 ・・・・・・・ 24
13. 比例式 ・・・・・・・・・・・・・・・・・・・・・・・・・・ 26
14. 2次方程式の解の公式 ・・・・・・・・・・・・ 28

第2章　関　数

- ⑮ 対称な点 ・・・・・・・・・・・・・・・・・・・・・・・・・・・・・ 30
- ⑯ 比　例 ・・・・・・・・・・・・・・・・・・・・・・・・・・・・・・・ 31
- ⑰ 反比例 ・・・・・・・・・・・・・・・・・・・・・・・・・・・・・・・ 32
- ⑱ $y=\dfrac{a}{x}$ 上の x 座標と y 座標が自然数となる点の個数 ・・・・・・・・・・・・・・・・・・・・・・・・・・・・・・・・・・・・・・・ 33
- ⑲ 反比例と面積 ・・・・・・・・・・・・・・・・・・・・・・・・・ 34
- ⑳ 1次関数の変域 ・・・・・・・・・・・・・・・・・・・・・・・ 36
- ㉑ 2点を通る直線の傾き ・・・・・・・・・・・・・・・・・ 37
- ㉒ 2直線が平行のときのグラフの傾き ・・・・・・・ 38
  - コラム　2直線が垂直 ・・・・・・・・・・・・・・・・・ 39
- ㉓ 直線と x 軸，y 軸との交点の座標 ・・・・・・・・ 40
- ㉔ 2直線の交点の座標 ・・・・・・・・・・・・・・・・・・・ 41
- ㉕ 三角形を2等分する直線 ・・・・・・・・・・・・・・・ 42
- ㉖ 平行四辺形を2等分する直線 ・・・・・・・・・・・・ 44
- ㉗ 台形を2等分する直線 ・・・・・・・・・・・・・・・・・ 46
- ㉘ 文字式と座標 ・・・・・・・・・・・・・・・・・・・・・・・・ 50
- ㉙ 座標平面上での最短距離 ・・・・・・・・・・・・・・・ 52

- ㉚ 関数の利用におけるグラフの傾き ・・・・・・・・・ 54
- ㉛ $y=ax^2$ の y の変域 ・・・・・・・・・・・・・・・・・・・ 56
- ㉜ $y=ax^2$ の変化の割合 ・・・・・・・・・・・・・・・・・ 58
- ㉝ $y=ax^2$ と直線の式 ・・・・・・・・・・・・・・・・・・・ 60
- ㉞ $y=ax^2$ と三角形の面積 ・・・・・・・・・・・・・・・ 62
- ㉟ 等積変形 ・・・・・・・・・・・・・・・・・・・・・・・・・・・・ 64
- ㊱ 座標平面上における線分の長さの関係 ・・・・・・・・ 66

第3章　図　形

- ㊲ 2点から等しい距離にある点の作図 ・・・・・・・・・ 68
- ㊳ 2辺から等しい距離にある直線の作図 ・・・・・・・・ 69
- ㊴ OPを斜辺とする直角三角形の作図 ・・・・・・・・・ 70
- ㊵ 円錐の展開図 ・・・・・・・・・・・・・・・・・・・・・・・・ 72
- ㊶ 柱体と錐体の体積 ・・・・・・・・・・・・・・・・・・・・・ 74
- ㊷ 球の体積と表面積 ・・・・・・・・・・・・・・・・・・・・・ 75
- ㊸ 高さが異なる三角柱 ・・・・・・・・・・・・・・・・・・・ 76
- ㊹ 平行線と角度 ・・・・・・・・・・・・・・・・・・・・・・・・ 80
- ㊺ ちょうちょ形と角度 ・・・・・・・・・・・・・・・・・・・ 81
- ㊻ ブーメラン形と角度 ・・・・・・・・・・・・・・・・・・・ 82

- ㊼ (正)多角形の内角と外角 ･･････････････ 84
- ㊽ 内角の二等分線と角度 ････････････････ 86
- ㊾ 星形五角形と角度 ････････････････････ 88
  - **コラム** 星形多角形の角の和 ･･････････ 90
- ㊿ 重なった2つの正方形 ････････････････ 92
- 51 となり合う2つの三角形の面積の比 ･･････ 94
- 52 1つの角が共通している2つの三角形の面積比 ･･･ 96

第4章 相 似

- 53 折り返しと相似 ･･････････････････････ 98
- 54 平行線と線分比 ････････････････････ 100
- 55 中点連結定理 ･･････････････････････ 102
- 56 台形における平行線と線分比 ･･････････ 104
- 57 相似な三角形のつくり方 ････････････ 106
- 58 連 比 ････････････････････････････ 108
- 59 正五角形の対角線の長さ ････････････ 110
- 60 底面が共通した立体の体積比 ･･････････ 112
- 61 相似比と面積比 ････････････････････ 114
- 62 相似比と体積比 ････････････････････ 115

第5章　円

- 63 円周角と中心角 ・・・・・・・・・・・・・・・・・・・・・・・ 116
- 64 1つの弧に対する円周角 ・・・・・・・・・・・・・・・ 118
- 65 直径に対する円周角 ・・・・・・・・・・・・・・・・・・・ 119
- 66 円周角と二等辺三角形 ・・・・・・・・・・・・・・・・・ 120
- 67 弧の長さと円周角 ・・・・・・・・・・・・・・・・・・・・・ 121
- 68 円周角の和 ・・・・・・・・・・・・・・・・・・・・・・・・・・・ 122
- 69 円周角の定理の逆 ・・・・・・・・・・・・・・・・・・・・・ 124

第6章　三平方の定理

- 70 3辺がすべて整数の直角三角形 ・・・・・・・・・ 126
  - コラム ピタゴラス数 ・・・・・・・・・・・・・・・・・・ 127
- 71 座標平面上の2点間の距離 ・・・・・・・・・・・・・ 128
- 72 弦の長さ ・・・・・・・・・・・・・・・・・・・・・・・・・・・・・ 129
- 73 特別な直角三角形の3辺の長さの比 ・・・・・ 130
- 74 特別な直角三角形の応用 ・・・・・・・・・・・・・・・ 132
- 75 正三角形の面積 ・・・・・・・・・・・・・・・・・・・・・・・ 134

- 76 3辺がわかっている三角形の面積 ･･････････ 136
- 77 線分を回転させてできる図形の面積 ･･････ 138
- 78 直方体の対角線の長さ ･･････････････････ 140
- 79 空間図形における最短距離 ･･････････････ 142
- 80 立体の高さと体積の関係 ････････････････ 144

第7章　確率・統計

- 81 相対度数 ･･････････････････････････････ 146
- 82 仮平均 ････････････････････････････････ 147
- 83 平均値 ････････････････････････････････ 149
- 84 中央値（メジアン） ････････････････････ 150
- 85 最頻度（モード） ･･････････････････････ 151
- 86 硬貨の表裏の出方 ･･････････････････････ 152
- 87 2つのさいころを投げる ････････････････ 153
- 88 起こらない確率 ････････････････････････ 154
- 89 順　列 ････････････････････････････････ 156
- 90 組合せ ････････････････････････････････ 158

本文デザイン：熊アート

分配法則

$$(a+b) \times c = ac + bc$$
$$c \times (a+b) = ac + bc$$

例題

$\frac{1}{2} \times 13^2 + \frac{1}{3} \times 13^2 + \frac{1}{6} \times 13^2$ の計算をしなさい。

(高知県)

使い方ナビ

$\frac{1}{2} = a$, $\frac{1}{3} = b$, $\frac{1}{6} = c$, $13^2 = m$

とすると，与えられた式は，
$$am + bm + cm = (a + b + c) \times m$$

解答

$$\begin{aligned}
\frac{1}{2} \times 13^2 + \frac{1}{3} \times 13^2 + \frac{1}{6} \times 13^2 &= \left(\frac{1}{2} + \frac{1}{3} + \frac{1}{6}\right) \times 13^2 \\
&= \left(\frac{3}{6} + \frac{2}{6} + \frac{1}{6}\right) \times 13^2 \\
&= \frac{6}{6} \times 13^2 \\
&= 1 \times 13^2 \\
&= \underline{169}
\end{aligned}$$

2 規則性

いくつかの値を調べ，増え方をみる。

例題

右の図のように，横の長さが9 cmの長方形の紙を，のりしろの幅が2 cmとなるようにつないで横に長い長方形を作っていく。このとき，紙をn枚使ってできる長方形の横の長さを，nを用いて表しなさい。(静岡県)

使い方ナビ　規則性を調べるには，表をかくとよいです。
① $n = 1, 2, 3, \cdots$と調べて増え方の規則をつかみます。
② ①の規則から$n = 0$のときの値を調べます。

①の一定に増える値がnの係数で，②が定数になります。

解答

$n = 1, 2, 3, \cdots$と，nの値が1増えるごとに横の長さは7 cmずつ増えます（右の表）。

$n = 0$のときは，$9 - 7 = 2$ (cm)となります。

n(枚)	0	1	2	3
長さ(cm)	2	9	16	23

n枚のときの横の長さは，<u>$(7n + 2)$ cm</u>となります。

式の計算・方程式

3 商とあまり

割られる数
＝割る数×商＋余り

例題

ある自然数 a を5で割ると、商が b で、余りが r になった。このとき、r を a, b を使った式で表しなさい。(秋田県)

使い方ナビ 等式をつくります。その後、式を変形することによって、r を a, b を使った式で表すことができます。

解答

割られる数が a、割る数が5、商が b、余りが r なので、

$a = 5 \times b + r$

$a = 5b + r$

これを r について、解く。

$5b + r = a$　　←左辺と右辺を入れかえる。

$\underline{r = a - 5b}$　　←$5b$ を移項する。

4 乗法公式

① $(x+a)(x+b) = x^2+(a+b)x+ab$

② $(x+a)^2 = x^2+2ax+a^2$

③ $(x-a)^2 = x^2-2ax+a^2$

④ $(x+a)(x-a) = x^2-a^2$

②を和の平方，③を差の平方，④を和と差の積ともよびます。

例題

$(\sqrt{5}+\sqrt{3})(\sqrt{5}-\sqrt{3})$ を計算しなさい。 （東京都）

使い方ナビ ④より，

$\sqrt{整数}+\sqrt{整数}$（和） と $\sqrt{整数}-\sqrt{整数}$（差）

の積を計算すると，

(整数)² − (整数)²

になるから，その値は必ず整数になります。

解答

$(\sqrt{5}+\sqrt{3})(\sqrt{5}-\sqrt{3}) = (\sqrt{5})^2-(\sqrt{3})^2$
$= 5-3$
$= \underline{2}$

5 式の計算・方程式

自然数の2乗になる数

素因数分解をして，

2乗のかたまりになっていない数

をさがす！

例題

84にできるだけ小さい自然数 n をかけて，その積がある自然数の2乗になるようにしたい。このときの n を求めなさい。
(鹿児島県)

使い方ナビ

84を素因数分解して，

2乗のかたまりをつくれない数の積

が n の値になります。

解答

$84 = 2^2 \times \boxed{3 \times 7}$

より，

$n = 3 \times 7 = \underline{21}$

確かめ なぜ解答がそうなるかというと，
$n = 21$ のとき，
$$84n = 84 \times 21 = 2^2 \times 3 \times 7 \times 3 \times 7$$
$$= 2^2 \times 3^2 \times 7^2$$
$$= (2 \times 3 \times 7)^2$$
$$= \mathbf{42^2} \quad \leftarrow \textbf{42の2乗になりました。}$$

➕ プラスワン

(1) 84をできるだけ小さい自然数 n で割って，その商がある自然数の2乗になるようにしたい。このときの n の値を求めなさい。

(2) $\sqrt{84n}$ が整数となるような最も小さい自然数 n の値を求めなさい。

解答

(1)は商が自然数の2乗，(2)はルートの値が自然数のパターンの問題。これらは例題の考え方とまったく同じで，$n = 21$ となる。

理由 (1) 84を $3 \times 7 = 21$ で割ると，
$$84 \div 21 = (2^2 \times 3 \times 7) \div (3 \times 7)$$
$$= 2^2 \quad \leftarrow \textbf{2の2乗になりました。}$$

(2) $\sqrt{84 \times 21} = \sqrt{(2^2 \times 3 \times 7) \times (3 \times 7)}$
$$= \sqrt{(2 \times 3 \times 7)^2}$$
$$= \sqrt{42^2} = 42 \quad \leftarrow \textbf{自然数42になりました。}$$

式の計算・方程式 6 因数分解の公式

① $x^2+(a+b)x+ab = (x+a)(x+b)$

② $x^2+2ax+a^2 = (x+a)^2$

③ $x^2-2ax+a^2 = (x-a)^2$

④ $x^2-a^2 = (x+a)(x-a)$

例題

$x^2-3x-28$ を因数分解しなさい。 （茨城県）

使い方ナビ

因数分解の公式①のパターンです。①のパターンを考えるときは，

　x の係数部分は 2 数の和， 　定数部分は 2 数の積

になります。このように 2 数の和と積を探す場合は，先に 2 数の積をさがすとよいです。

解答

$4+(-7)=-3, \quad 4\times(-7)=-28$

なので，

$x^2-3x-28 = \underline{(x+4)(x-7)}$ ← $(x+a)(x+b)$ で，$a=4, b=-7$

7 式の値

式を

展開，因数分解

してから

値を代入する。

例題

$a = 175$, $b = 27$ のとき，$(a+b)^2 - 4(a+b) + 4$ の値を求めなさい。 (愛知県)

使い方ナビ 式を因数分解してから，a, b の値を代入します。

解答

$a + b = M$ とおく。

$$(a+b)^2 - 4(a+b) + 4 = M^2 - 4M + 4$$
$$= (M-2)^2 \quad \leftarrow 因数分解$$
$$= (a+b-2)^2 \quad \leftarrow M を a, b に もどす。$$

$(a+b-2)^2$ に $a = 175$, $b = 27$ を代入する。

$$(a+b-2)^2 = (175 + 27 - 2)^2$$
$$= 200^2$$
$$= \underline{40000}$$

8 根号（√ ）をふくむ数の加減

根号（√ ）をふくむ数どうしの加減において、

根号(√)の中を整理

してから計算する。

例題

$\sqrt{45} - \sqrt{5}$ を計算しなさい。 （群馬県）

使い方ナビ 根号(√)の中ができるだけ小さい自然数になるように変形してから計算します。

解答

$\sqrt{45} - \sqrt{5} = 3\sqrt{5} - \sqrt{5}$　←　$\sqrt{45} = \sqrt{3^2 \times 5} = 3\sqrt{5}$
$\phantom{\sqrt{45} - \sqrt{5}} = (3-1)\sqrt{5}$
$\phantom{\sqrt{45} - \sqrt{5}} = \underline{2\sqrt{5}}$

9 分母の有理化

分母に $\sqrt{}$ をふくまない形にしてから計算をする。

例題

$\dfrac{9}{\sqrt{6}} + \dfrac{\sqrt{6}}{2}$ を計算しなさい。 （宮城県）

使い方ナビ $\dfrac{9}{\sqrt{6}}$ の分母の $\sqrt{6}$ を分母と分子にかけて，分母に $\sqrt{}$ をふくまない形になおしてから計算をします。

解答

$$\dfrac{9}{\sqrt{6}} + \dfrac{\sqrt{6}}{2} = \dfrac{9 \times \sqrt{6}}{\sqrt{6} \times \sqrt{6}} + \dfrac{\sqrt{6}}{2}$$

$$= \dfrac{9\sqrt{6}}{6} + \dfrac{\sqrt{6}}{2}$$

$$= \dfrac{3\sqrt{6}}{2} + \dfrac{\sqrt{6}}{2}$$

$$= \dfrac{4\sqrt{6}}{2}$$

$$= \underline{\underline{2\sqrt{6}}}$$

分母と分子に同じ数をかけるということは，**1** をかけることと同じ！

式の計算・方程式 10

$\sqrt{a}$ と b の大小関係

$\sqrt{a}$ と b の大小関係は，

$$b = \sqrt{b^2} \text{ として，} a \text{ と } b^2 \text{ の大小関係を比べる。}$$

例題

$2 < \sqrt{a} < \dfrac{10}{3}$ をみたす，正の整数 a は何個あるか。

(奈良県)

使い方ナビ 数を根号（$\sqrt{}$）を使って表すことによって，その**根号の中の数どうしで大小を比べる**ことができます。

解答

$2 = \sqrt{2^2} = \sqrt{4}$，
$\dfrac{10}{3} = \sqrt{\left(\dfrac{10}{3}\right)^2} = \sqrt{\dfrac{100}{9}} = \sqrt{11.1\cdots}$

である。

$\sqrt{4} < \sqrt{a} < \sqrt{11.1\cdots}$ となる正の整数 a を求めると，

$a = 5,\ 6,\ 7,\ 8,\ 9,\ 10,\ 11$

の **7個**

式の計算・方程式 11

$\sqrt{a}$ の整数部分と小数部分

$m < \sqrt{a} < m+1$ (m：整数) に対して，$\sqrt{a}$ の

整数部分は m，
小数部分は $\sqrt{a} - m$

例題

$3\sqrt{2}$ を小数で表したとき，その整数部分の値を求めなさい。
(岐阜県)

使い方ナビ

$a\sqrt{b} = \sqrt{a^2 b}$ に変形してから，整数 m の値をさがします。

解答

$3\sqrt{2} = \sqrt{3^2 \times 2} = \sqrt{18}$ である。
$\sqrt{16} < \sqrt{18} < \sqrt{25}$
なので，
$4 < \sqrt{18} < 5$
だから，$3\sqrt{2}$ の整数部分は <u>4</u>

式の計算・方程式

12 $n < \sqrt{a} < n+1$ をみたす a の個数

$n < \sqrt{a} < n+1$ (n：自然数)

をみたす自然数

a の個数は，$2n$ 個

例題

a を自然数とし，$4 < \sqrt{a} < 5$ となるような自然数 a は何個あるか求めなさい。 　　　　　　　　　　(山形県改題)

使い方ナビ $2n$ に $n=4$ を代入します。

解答

$2n = 2 \times 4 = 8$

より，求める個数は <u>8 個</u>

(参考) 公式を使わない解法は，次のようになる。

$4 < \sqrt{a} < 5$ で，4, $\sqrt{a}$, 5 はすべて正の数だから，4, 5 を $\sqrt{}$ を使って表すと，

$\sqrt{16} < \sqrt{a} < \sqrt{25}$

これをみたす a は，

$a = 17, 18, 19, 20, 21, 22, 23, 24$

の 8 個

公式のなりたち！

($n < \sqrt{a} < n+1$ の a の個数)
= ($\sqrt{a} < n+1$ の a の個数) − ($\sqrt{a} \leqq n$ の a の個数)
で求めることができます（下図の • の個数）。

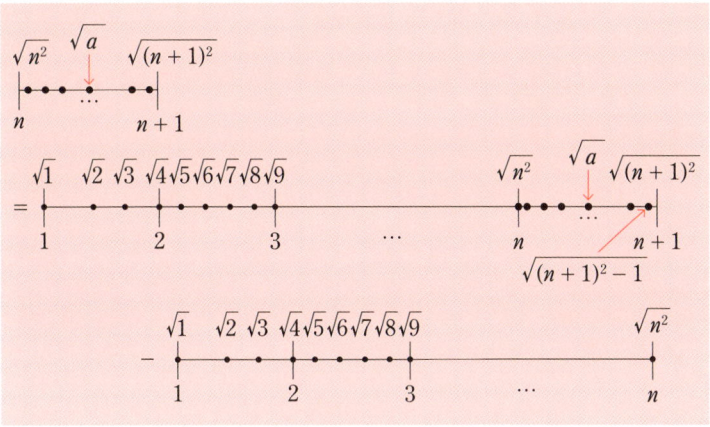

$$\{(n+1)^2 - 1\} - n^2 = (n^2 + 2n + 1 - 1) - n^2$$
$$= \mathbf{2n} \,(個)$$

となります。

13 比例式

$$a : b = c : d \text{ のとき,}$$

$$ad = bc$$

例題

比例式 $2 : 5 = (x - 2) : (x + 7)$ をみたす x の値を求めなさい。
(千葉県)

使い方ナビ 比例式は外側の2つの項の積と内側の2つの項の積が等しくなります。

$$a : b = c : d$$

解答

$$2 : 5 = (x - 2) : (x + 7)$$

$$2 \times (x + 7) = 5 \times (x - 2)$$
$$2x + 14 = 5x - 10$$
$$2x - 5x = -10 - 14$$
$$-3x = -24$$
$$\underline{x = 8}$$

公式のなりたち！

比の値の考え方を用います。

$x:y$ であれば，比の値は $\dfrac{x}{y}$ となります。

$a:b$，$c:d$ の比の値はそれぞれ

$$\dfrac{a}{b},\ \dfrac{c}{d}$$

となります。

$a:b=c:d$ より，

$$\dfrac{a}{b}=\dfrac{c}{d}$$

← 比が等しいから，比の値も等しい。

で両辺に bd をかけると，

$$\dfrac{a}{\cancel{b}}\times\cancel{b}d=\dfrac{c}{\cancel{d}}\times b\cancel{d}$$

$$ad=bc$$

例 x が正の数のとき，

$$x:2=3:(x+1)$$

を解くと，

$$x(x+1)=2\times 3$$
$$x^2+x-6=0$$
$$(x+3)(x-2)=0$$
$$x=-3,\ 2$$

$x>0$ より，　$x=2$

式の計算・方程式

式の計算・方程式 14

2次方程式の解の公式

2次方程式 $ax^2 + bx + c = 0$ の解は,

$$x = \frac{-b \pm \sqrt{b^2 - 4ac}}{2a}$$

上記の式を「2次方程式の解の公式」といいます。

題

2次方程式 $3x^2 - x - 1 = 0$ を解きなさい。（神奈川県）

使い方ナビ $a = 3$, $b = -1$, $c = -1$ を解の公式に代入して求めます。

答

解の公式から,

$$x = \frac{-(-1) \pm \sqrt{(-1)^2 - 4 \times 3 \times (-1)}}{2 \times 3}$$

$$x = \frac{1 \pm \sqrt{1 + 12}}{6}$$

$$\underline{x = \frac{1 \pm \sqrt{13}}{6}}$$

公式のなりたち！

式を平方の形になおしてから，2次方程式を解きます。

$ax^2 + bx + c = 0$

数の項 c を移項します。

$ax^2 + bx = -c$

x^2 の係数を **1** にするために両辺を a で割ります。

$x^2 + \dfrac{b}{a}x = -\dfrac{c}{a}$

両辺に，x の係数の $\dfrac{1}{2}$ の **2** 乗を加えます。

$x^2 + \dfrac{b}{a}x + \left(\dfrac{b}{2a}\right)^2 = -\dfrac{c}{a} + \left(\dfrac{b}{2a}\right)^2$

左辺を平方の形にし，右辺は式を整理します。

$\left(x + \dfrac{b}{2a}\right)^2 = \dfrac{-4ac + b^2}{4a^2}$

平方根の考え方を利用します。

$x + \dfrac{b}{2a} = \pm\sqrt{\dfrac{b^2 - 4ac}{4a^2}}$

右辺の $\sqrt{}$ の中を整理します。

$x + \dfrac{b}{2a} = \pm\dfrac{\sqrt{b^2 - 4ac}}{2a}$

$\dfrac{b}{2a}$ を移項します。

$x = -\dfrac{b}{2a} \pm \dfrac{\sqrt{b^2 - 4ac}}{2a}$

分母を $2a$ でまとめます。

2次方程式の解の公式

$$x = \dfrac{-b \pm \sqrt{b^2 - 4ac}}{2a}$$

関数 15 対称な点

点 (a, b) について

① x 軸について対称な点

➡ $(a, -b)$

② y 軸について対称な点

➡ $(-a, b)$

③ 原点について対称な点

➡ $(-a, -b)$

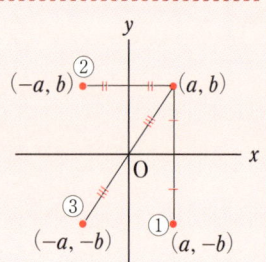

例題

点 $(2, -1)$ と，原点について対称な点の座標を求めなさい。 (栃木県)

使い方ナビ 原点について対称な点は，x 座標，y 座標のそれぞれの符号を変えます。

解答

点 $(2, -1)$ と原点について対称な点の座標は，

$(-2, 1)$

関数 16 比 例

y が x に比例する

➡ $y = ax$ （a：比例定数）

例題

y は x に比例し，$x = -2$ のとき $y = 6$ である。y を x の式で表しなさい。 （栃木県）

使い方ナビ 比例定数 a は，$a = \dfrac{y}{x}$ で求めることができます。

解答

$a = \dfrac{y}{x}$ に $x = -2$，$y = 6$ を代入すると，

$a = \dfrac{6}{-2}$

$a = -3$

よって，

$y = -3x$

[注意] 比例定数 a は 0 になることはありません。

関数 17 反比例

y が x に反比例する
➡ $y = \dfrac{a}{x}$ （a：比例定数）

例題

次の表は y が x に反比例する関係を表している。☐ にあてはまる数を求めなさい。

x	-2	-1	0	1	2	3
y	-12	-24	×	24	12	☐

(秋田県)

使い方ナビ 比例定数 a は，$a = xy$ で求めることができます。

解答

$a = xy$ に $x = 1$, $y = 24$ を代入すると，
 $a = 1 \times 24$
 $a = 24$

よって，$y = \dfrac{24}{x}$（または，$xy = 24$）に $x = 3$ を代入すると，$y = 8$ だから，
 ☐ $= \underline{8}$

関数 18

$y = \dfrac{a}{x}$ 上の x 座標と y 座標が自然数となる点の個数

$y = \dfrac{a}{x}$（a：自然数）のグラフ上の x 座標，y 座標の値がともに自然数となる点の個数は，

a の約数の個数と同じ

ここでの約数とは，正の数を指すものとします。

例題

$y = \dfrac{8}{x}$ のグラフ上の点で，x 座標，y 座標の値がともに整数となる点の個数は何個あるか求めなさい。　（青森県）

使い方ナビ　x 座標，y 座標の値がともに自然数となる点の個数は，**a の約数の個数と同じ**。x 座標，y 座標の値がともに整数となる点の個数は，**負の数**も考えると，a の**約数の個数の 2 倍**になります。

解答

8 の約数は 1, 2, 4, 8 の 4 個だから，$y = \dfrac{8}{x}$ のグラフ上の点で，x 座標，y 座標の値がともに整数となる点は，

$4 \times 2 = 8$

より，**8 個**

関数 19 反比例と面積

$y = \dfrac{a}{x}$ ($a>0$, $x>0$) のグラフ上の点 P から x 軸, y 軸に垂線 PQ, PR を引いたとき,

長方形 OQPR の面積は, a となる。

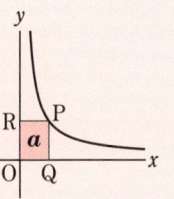

例題

①は関数 $y = \dfrac{7}{x}$ のグラフである。この曲線①上に, x 座標が正である点 A をとり, AO の延長と曲線①との交点を B とする。点 A を通り x 軸に平行な直線と, 点 B を通り y 軸に平行な直線との交点を C とする。また, 点 A を通り y 軸に平行な直線と, 点 B を通り x 軸に平行な直線との交点を D とする。このとき, 長方形 ACBD の面積を求めなさい。 （静岡県）

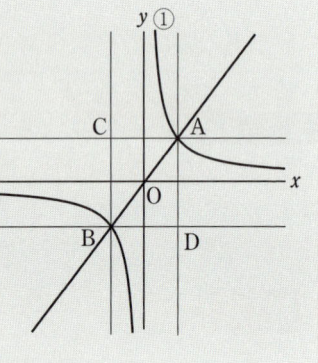

使い方ナビ $y = \dfrac{7}{x}$ より，右図の色をつけた部分の面積が 7 なので，長方形 ACBD の面積はその 4 倍となります。

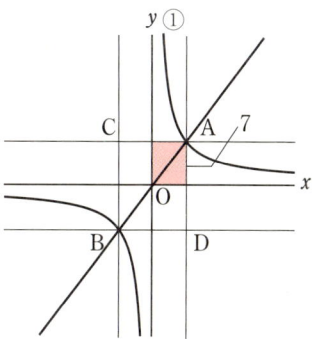

解答

$7 \times 4 = \underline{28}$

公式のなりたち！

$y = \dfrac{a}{x}$ （$a > 0$, $x > 0$）のグラフ上に点 P(s, t) をとると，

$$t = \dfrac{a}{s}$$

と表せるので，

$a = st$　←（横）×（たて）

となります。

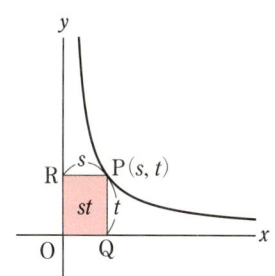

そのため，

> a はグラフ上において，長方形の面積を表している

ことがわかります。

関数 20 １次関数の変域

$y = ax + b$ において，x の変域が ●≦x≦○，y の変域が ▲≦y≦△ のとき，

① $a > 0$ のとき

$$\begin{pmatrix} ● ≦ x ≦ ○ \\ \updownarrow \quad\quad \updownarrow \\ ▲ ≦ y ≦ △ \end{pmatrix}$$

② $a < 0$ のとき

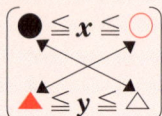

のそれぞれに対応する。

例題

関数 $y = -x + 3$ について，x の変域が $-3 ≦ x ≦ 2$ のときの y の変域を求めなさい。　　　(栃木県)

使い方ナビ　１次関数において，x の変域における最小値と最大値を式に代入した値が，それぞれ y の変域における最小値と最大値（または，最大値と最小値）になります。ここでは，**$a < 0$ であることに注意**します。

解答

$x = -3$ のとき，$y = -(-3) + 3 = 6$
$x = 2$ のとき，$y = -2 + 3 = 1$
よって，求める y の変域は，

　　$\underline{1 ≦ y ≦ 6}$

関数 21

2点を通る直線の傾き

2点 (x_1, y_1), (x_2, y_2) を通る直線の傾きは,

$$\frac{y_2 - y_1}{x_2 - x_1} \quad \left(\text{または,} \ \frac{y_1 - y_2}{x_1 - x_2}\right)$$

つまり, 直線の傾きは1次関数の変化の割合と等しい。

例題

2点 $(-1, 2)$, $(2, 8)$ を通る直線の式を求めなさい。

(山梨県改題)

使い方ナビ

$y = ax + b$ として, 連立方程式をつくって求めることもできますが, 上記の公式を使うことで, **1次方程式を解くだけ**で, 直線の式を求めることができます。

解答

2点 $(-1, 2)$, $(2, 8)$ を通る直線の傾きは,

$$\frac{8 - 2}{2 - (-1)} = \frac{6}{3} = 2$$

$y = 2x + b$ に $x = 2$, $y = 8$ を代入すると,

$8 = 2 \times 2 + b$

$8 = 4 + b$

$b = 4$

よって, 求める直線の式は,

$\underline{y = 2x + 4}$

関数 22

2直線が平行のときのグラフの傾き

2直線 $y = ax + b$ と $y = a'x + b'$ が平行のとき,

$a = a'$
（2直線の傾きが等しい）

例題

右の図で, 2つの直線 $y = 2x + 6$, $y = ax + b$ があり, $y = ax + b$ と x 軸との交点を A(2, 0) とする。2つの直線が平行であるとき, a, b の値を求めなさい。（山口県改題）

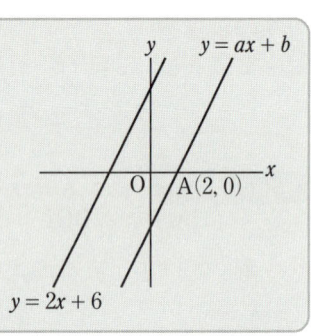

使い方ナビ $y = 2x + 6$ と平行なので, a の値は求める直線の式の傾き2に等しく, $a = 2$ です。

解答

$a = 2$ なので, 直線の式は $y = 2x + b$ になります。この式に $x = 2$, $y = 0$ を代入すると, $0 = 2 \times 2 + b$ となるので,
$b = -4$

したがって, $\underline{a = 2, b = -4}$

コラム 2直線が垂直

2直線 $y = ax + b$ と $y = a'x + b'$ が垂直のとき，

$aa' = -1$ （2直線の傾きの積が -1）

となります。理由は，右図のように，それぞれ

$b = b' = 0$, $OA = OB$

となるように2直線上に点 A, B をとり，垂線 AH, BI を x 軸にひきます。

すると，直角三角形の斜辺と1つの鋭角がそれぞれ等しいので，

$\triangle OAH \equiv \triangle BOI$

となります。点 $A(s, t)$ とすると，点 B は $(-t, s)$ となります。

よって，直線 OA の傾きは $\dfrac{t}{s}$，直線 OB の傾きは $-\dfrac{s}{t}$

となるので，この2直線の傾きの積は，

$\dfrac{t}{s} \times \left(-\dfrac{s}{t} \right) = -1$

となり，2直線の傾きの積が -1 となることがいえます。

なお，$b \neq 0$, $b' \neq 0$ の場合でも，2直線を平行移動させることによって，上記のようなグラフ（$b = b' = 0$）にすることが可能です。b, b' がどんな値であっても2直線が垂直であるとき，必ず傾きの積が -1 になることがいえます。

関数 23 — 直線と x 軸，y 軸との交点の座標

直線と軸との交点に関して

① **x 軸との交点**
  ➡ **$y = 0$**
  （y 座標が 0）

② **y 軸との交点**
  ➡ **$x = 0$**
  （x 座標が 0 または切片の値）

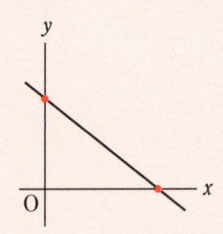

例題

右の図のように，関数
$$y = -2x + 6 \quad \cdots\cdots ①$$
のグラフがある。①のグラフと x 軸との交点を A とする。点 O は原点とする。点 A の座標を求めなさい。 （北海道）

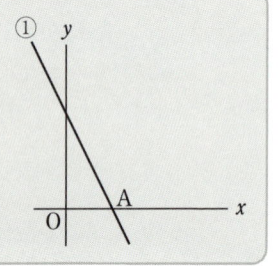

使い方ナビ 直線①の式に $y = 0$ を代入します。

解答

$0 = -2x + 6$

$x = 3$

よって，求める点 A の座標は，

A(3, 0)

関数 24 2直線の交点の座標

2直線の交点の座標は，
2直線の連立方程式の解

である。

例題

2つの直線 $y = 2x + 1$ と $y = -x + 4$ の交点の座標を求めなさい。 (栃木県)

解答

$\begin{cases} y = 2x + 1 \\ y = -x + 4 \end{cases}$ の連立方程式を解くと，

$x = 1,\ y = 3$

となる。

よって，交点の座標は，**(1, 3)**

[注意] このような場合は，代入法により，

$2x + 1 = -x + 4$

として，x と y の値を求めます。

（もちろん，加減法により，
$0 = 3x - 3$
として，x と y の値を求めることができます。）

関数 25 三角形を2等分する直線

点Aを通り，△ABCの面積を2等分する直線

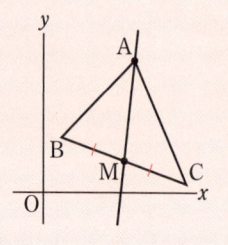

➡ 点Aと辺BCの中点Mを通る直線

中点の座標は，それぞれの座標の平均で求めることができる。それを式で表すと，

$B(x_1, y_1)$，$C(x_2, y_2)$ の中点Mは $\left(\dfrac{x_1+x_2}{2},\ \dfrac{y_1+y_2}{2}\right)$

例題

右の図で，点A, Bの座標はそれぞれ(2, 8), (-1, 2)である。このとき，点Bを通り△OABの面積を2等分する直線の式を求めなさい。

(石川県改題)

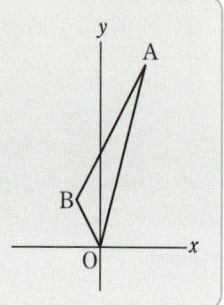

使い方ナビ

原点Oと点Aの中点をMとすると，点Mの座標は，

$\left(\dfrac{0+2}{2},\ \dfrac{0+8}{2}\right)$ より，

M(1, 4)

解答

2点 B$(-1, 2)$, M$(1, 4)$ を通るので，傾きは，

$$\frac{4-2}{1-(-1)} = \frac{2}{2} = 1$$

求める直線の式を $y = x + b$ とおき，$x = -1$, $y = 2$ を代入すると，

$b = 3$

点 B を通り，△OAB の面積を 2 等分する直線の式は，

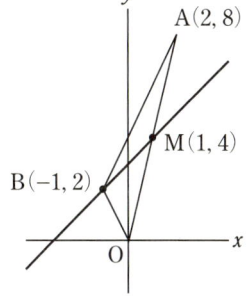

$\underline{y = x + 3}$

公式のなりたち！

右の図で，2つ（ █ と █ ）の三角形の高さが同じなので，BM = CM のとき，面積は等しくなります。

そのため，点 M は辺 BC の中点になり，

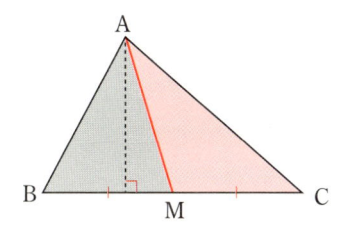

直線 AM によって，△ABC の面積が 2 等分される

ことがわかります。

関数 26 平行四辺形を2等分する直線

平行四辺形の

対角線の交点

を通る直線は，面積を

2等分する。

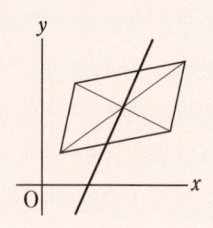

例題

右の図で，四角形 ABCD は平行四辺形で，点 B, D の座標はそれぞれ (2, 2)，(0, 8) である。このとき，原点 O を通り，平行四辺形 ABCD の面積を 2 等分する直線の式を求めなさい。 （長崎県改題）

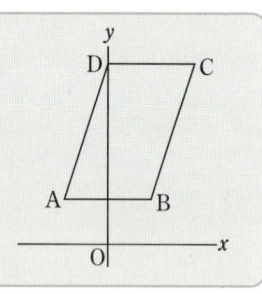

使い方ナビ

平行四辺形の対角線の交点は，**対角線の中点**になります。つまり，**2点 B, D の中点 M と原点 O を通る直線の式**を求めればよいことがわかります。

解答

2点 B(2, 2), D(0, 8) の中点 M は，
$\left(\dfrac{2+0}{2}, \dfrac{2+8}{2}\right)$ より，M(1, 5)

原点 O を通る直線は比例のグラフなので，
$y = ax$ に $x = 1$, $y = 5$ を代入して，
$a = 5$　よって，**$y = 5x$**

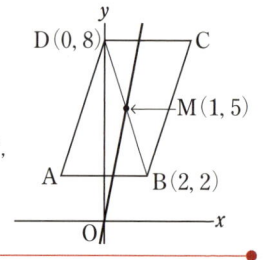

公式のなりたち！

図1で，対角線の交点 M を通る直線が，平行四辺形の面積を 2 等分すること，つまり，

　□ と □ の面積が等しい

ことを説明します。

図2で，△AME と △CMF は，
　　AM = CM,
　∠AME = ∠CMF,
　∠EAM = ∠FCM

より，1 組の辺とその両端の角がそれぞれ等しいので，

　　△AME ≡ △CMF

だから，

　　△AME = △CMF　……①

同様に**図3**，**図4**においても
　　△ABM = △CDM　……②
　　△MBF = △MDE　……③

よって，①，②，③から図1の □ と □ の面積が等しいことがわかります。

同様に長方形，ひし形，正方形の対角線の交点を通る直線は，面積を 2 等分することもいえます。

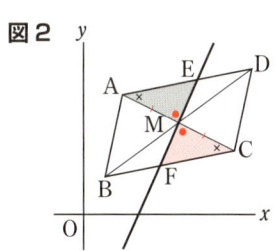

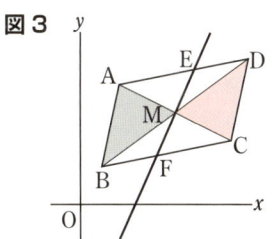

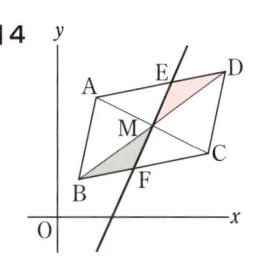

図1

図2

図3

図4

関数 27 台形を2等分する直線

台形の上底と下底を通り，台形の

4つの頂点の x 座標，y 座標の平均

を通る直線は，

面積を2等分する。

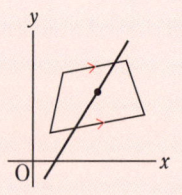

例題

図で，Aは関数 $y = 3x$ のグラフ上の点，B，Cは x 軸上の点であり，四角形ABCDは正方形で，点Bの x 座標は2である。傾きが2で，台形AOCDの面積を2等分する直線の式を求めなさい。

（愛知県改題）

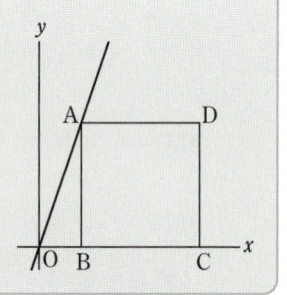

使い方ナビ

4点 $A(x_1, y_1)$，$B(x_2, y_2)$，$C(x_3, y_3)$，$D(x_4, y_4)$ の x 座標，y 座標の平均は，

$$\left(\frac{x_1 + x_2 + x_3 + x_4}{4}, \frac{y_1 + y_2 + y_3 + y_4}{4} \right)$$

この点を通る傾き2の直線を求める。

解答

点 $A(2, 6)$, $B(2, 0)$ と, $AB = 6$ より, $C(8, 0)$, $D(8, 6)$ となります。

4点 A, O, C, D の x 座標, y 座標の平均は,

$$\left(\frac{2+0+8+8}{4}, \frac{6+0+0+6}{4}\right)$$

より, $\left(\frac{9}{2}, 3\right)$

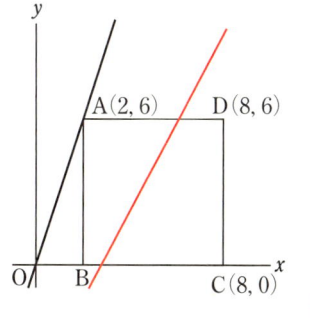

$y = 2x + b$ に $x = \frac{9}{2}$, $y = 3$ を代入して, $b = -6$

よって, 求める直線の式は, **$y = 2x - 6$**

公式のなりたち！

[Step1] 4点の x 座標, y 座標の平均

4点の x 座標, y 座標の平均が, グラフ上でどの点を表すか考えてみます。

$$R\left(\frac{x_1 + x_2 + x_3 + x_4}{4}, \frac{y_1 + y_2 + y_3 + y_4}{4}\right)$$

$$P\left(\frac{x_1 + x_4}{2}, \frac{y_1 + y_4}{2}\right)$$

$$Q\left(\frac{x_2 + x_3}{2}, \frac{y_2 + y_3}{2}\right)$$

図1

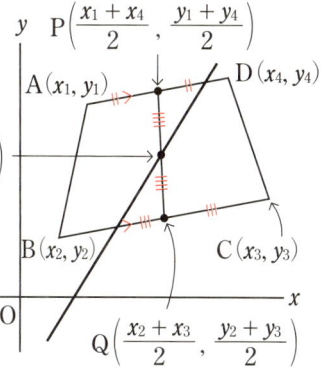

図1のように, 2点 A, D の中点を P とし, 2点 B, C の中

点をQとすると，2点P, Qの中点Rは**図1**のようになり，その座標は，

$$\left(\frac{\frac{x_1 + x_4}{2} + \frac{x_2 + x_3}{2}}{2},\ \frac{\frac{y_1 + y_4}{2} + \frac{y_2 + y_3}{2}}{2} \right)$$

より，$\left(\dfrac{x_1 + x_2 + x_3 + x_4}{4},\ \dfrac{y_1 + y_2 + y_3 + y_4}{4} \right)$

[Step2] ▢と▢の面積が等しい

Step1をふまえて，▢と▢の面積が等しいことを説明します。

そこで，▢と▢の2つの台形は高さが等しいので，

　　上底と下底の和が等しくなれば，
　　▢と▢の2つの台形
　　の面積が等しい

ことを導きます。

図2

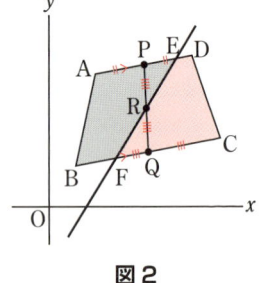

図2で，$\triangle \text{REP} \equiv \triangle \text{RFQ}$ なので，$\text{PE} = \text{QF}$ となります。

▢の上底と下底の和は，

$$\text{AE} + \text{BF} = (\text{AP} + \text{PE}) + \text{BF} = \text{AP} + (\text{QF} + \text{BF})$$
$$= \text{AP} + \text{BQ} \quad \cdots\cdots ①$$

▢の上底と下底の和は，

$$\text{ED} + \text{FC} = \text{ED} + (\text{FQ} + \text{QC}) = (\text{ED} + \text{EP}) + \text{QC}$$
$$= \text{PD} + \text{QC} \quad \cdots\cdots ②$$

$\text{AP} = \text{PD}$, $\text{BQ} = \text{QC}$ から，① $=$ ② となるので，

　　▢と▢の面積が等しい

ことがわかります。

つまり，**Step1**，**2**から，公式がなりたつことがわかります。

ステップアップ♪

ふつうに公式を使わないのであれば，後述の「長さを文字で表す」を使い，面積を経由して計算する方法を紹介します。

傾きが2の直線 $y = 2x + b$ と，OC と AD との交点をそれぞれ P, Q とします。

P の x 座標を p とします。$x = p, y = 0$ を $y = 2x + b$ に代入すると，

$b = -2p$

よって，点 Q の y 座標は6なので，$y = 2x - 2p$ に $y = 6$ を代入すると，

$x = p + 3$

つまり，Q($p + 3$, 6) となります。

台形 AOPQ に関して，

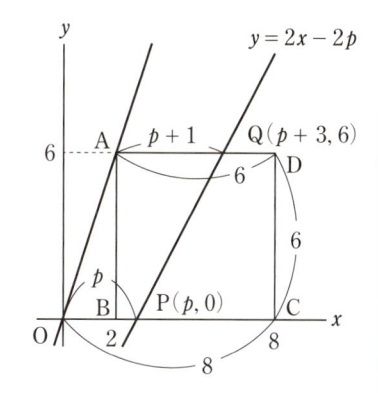

$$\frac{1}{2} \times \{(p + 1) + p\} \times 6 = \left\{\frac{1}{2} \times (6 + 8) \times 6\right\} \times \frac{1}{2}$$

$$3(2p + 1) = 21$$

$$p = 3$$

よって，台形 AOCD の面積を2等分する直線の式は，

$y = 2x - 6$

と求めることができます。

ただ，今回のように「長さを文字で表す」方法だと，P, Q の座標を文字を使って表すところがやや難しく感じるかもしれません。

関数 28 文字式と座標

座標を文字を使って表すことで、

長さや面積を文字を使って表す

ことができる。

例題

右の図のように、直線の式が $y=-\dfrac{3}{2}x+6$ である直線 ℓ があり、直線 ℓ と x 軸、y 軸との交点をそれぞれ A, B とする。線分 AB 上に点 P をとり、点 P から x 軸、y 軸にそれぞれ垂線 PQ, PR をひく。PQ = PR となるとき、点 P の座標を求めなさい。

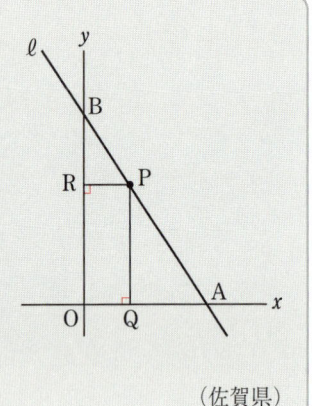

(佐賀県)

使い方ナビ

点 P の x 座標を p とおいて、PQ, PR を p を使って表します。長さを文字で表すことによって、PQ = PR から**方程式を用いればいい**ことがわかります。

解 答

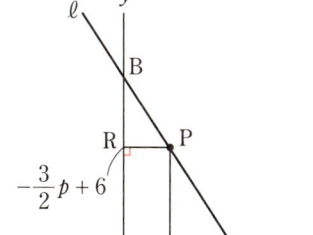

点 P の x 座標を p とすると,

$P\left(p, -\dfrac{3}{2}p + 6\right)$,

$Q(p, 0)$,

$R\left(0, -\dfrac{3}{2}p + 6\right)$

であるから,

$PQ = -\dfrac{3}{2}p + 6$,

$PR = p$

$PQ = PR$ より,

$-\dfrac{3}{2}p + 6 = p$

この方程式を p について解くと,

$p = \dfrac{12}{5}$

点 P の y 座標は,

$y = -\dfrac{3}{2}p + 6 = -\dfrac{3}{2} \times \dfrac{12}{5} + 6 = \dfrac{12}{5}$

よって,

$\underline{\underline{P\left(\dfrac{12}{5}, \dfrac{12}{5}\right)}}$

関数 29 座標平面上での最短距離

対称な点をとって一直線にする。

例題

右の図で，A(12, 12)，B(6, 3)，点Cはy軸上の点である。AC + BCの長さが，最も短くなるときの点Cの座標を求めなさい。　（青森県改題）

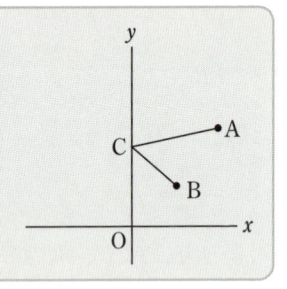

使い方ナビ

y軸を対称の軸として点Bを対称移動させた点Dをとり，点Aと点Dを直線で結んだときのy軸との交点がCとなります。

解答

B(6, 3) なので，D(−6, 3)
2点 A(12, 12)，D(−6, 3) を通る直線の傾きは，

$$\frac{12-3}{12-(-6)} = \frac{9}{18} = \frac{1}{2}$$

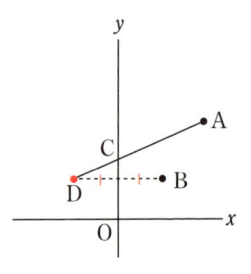

$y = \dfrac{1}{2}x + b$ に $x = 12$，$y = 12$

を代入すると，$b=6$

2点A，Dを通る直線の式は，$y=\dfrac{1}{2}x+6$

点Cのy座標は，この直線の切片と等しいから，<u>C(0, 6)</u>

公式のなりたち！

図のように，点Bとy軸について対称な点Dをとると，
　△BCH ≡ △DCH
から，BC = DC
よって，
　AC + BC = AC + DC
　　　　　　≧ AD
つまり，AC + BCが最短になるのは，ADになるときで，それは点Aと点Dが一直線上にあるときです。

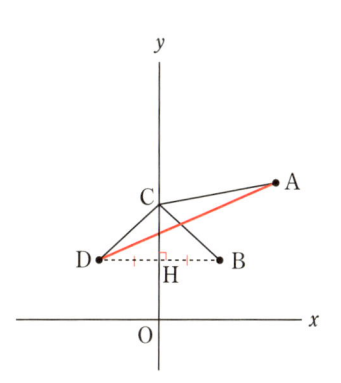

理由 △BCH ≡ △DCHであるのは，次の理由による。

点Bと点Dは，y軸について対称だから，
　　BH = DH　　……①
　∠CHB = ∠CHD　……②
また，CHは共通な辺だから
　　CH = CH　　……③
①，②，③より，2組の辺とその間の角がそれぞれ等しいので，
　△BCH ≡ △DCH

関数 30 関数の利用におけるグラフの傾き

x 軸を時間，y 軸を道のり

としたとき，そのグラフの

直線の傾きは速さになる。

例題

右の図は，Aさんが自宅を出発してから，x 分後の道のりを y km としたときの，x と y の関係を表すグラフである。

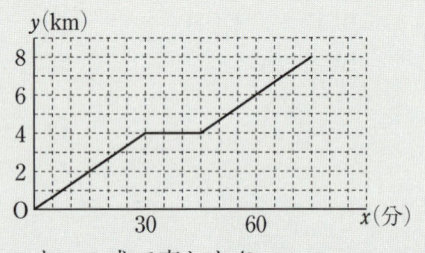

$45 \leqq x \leqq 75$ のとき，y を x の式で表しなさい。

（富山県改題）

使い方ナビ

グラフから速さを求めます。それが直線の傾きになります。また，x 軸の単位が分，y 軸の単位が km なので，速さの単位は，分速○ km になります。

解答

$45 \leqq x \leqq 75$ のとき，30分間で4km進むので，グラフの傾きは，

$$\frac{4}{30} = \frac{2}{15}$$

$y = \dfrac{2}{15}x + b$ とおいて $x = 45$, $y = 4$ を代入して,

$b = -2$

だから,

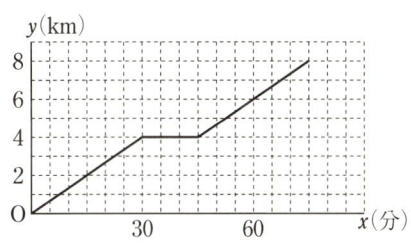

$y = \dfrac{2}{15}x - 2$

理由 傾きが速さになるのは？

下のグラフのように,

x軸を時間，y軸を道のりとしたとき,

傾き ＝ 変化の割合

　　　＝ $\dfrac{y \text{の増加量}}{x \text{の増加量}}$

　　　＝ $\dfrac{\text{道のり}}{\text{時間}}$

　　　＝ 速さ

になるからです。

もちろん前ページの例題も2点 (45, 4), (75, 8) を通るので, 2点を通る直線の式として連立方程式をつくって求めることもできますが, やや計算が煩雑になります。

関数 31

$y = ax^2$ の y の変域

関数 $y = ax^2$ において，x の変域が ●≦x≦○（●：負の数，○：正の数）のとき，y の変域は，

① $a > 0$ のとき，

$$0 \leqq y \leqq \square$$ （最小値 0，最大値□）

② $a < 0$ のとき，

$$\square \leqq y \leqq 0$$ （最小値□，最大値 0）

x が●と○の絶対値のうち，大きいほうの y の値が□となる。

例題

関数 $y = 2x^2$ について，x の変域が $-2 \leqq x \leqq 3$ のとき，y の変域を求めなさい。 （青森県）

使い方ナビ -2 と 3 の絶対値が大きいほうの値は 3 です。つまり，$x = 3$ のときに y の値は最大になります。

解答

$x = 3$ のとき，最大値
$y = 2 \times 3^2 = 2 \times 9 = 18$
y の変域は，
$$0 \leqq y \leqq 18$$

公式のなりたち！

グラフが上に開く場合 ($a > 0$) について考えてみます。

図1のように，$y = ax^2$ のグラフは，$x = 0$ のとき，$y = 0$

また，x の絶対値が大きくなればなるほど y の値は大きくなることがわかります。

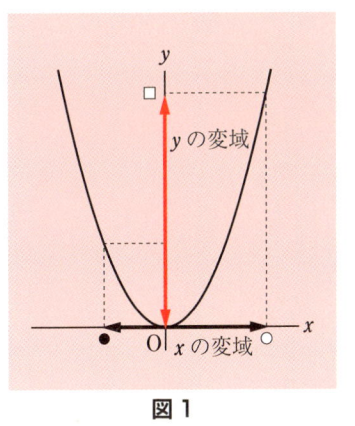

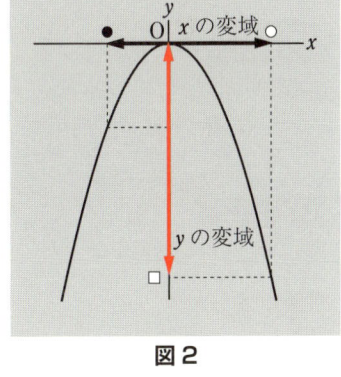

図1

図2

同様にグラフが下に開く場合（$a < 0$）についても，**図2**のように，$x = 0$ のとき，$y = 0$

また，x の絶対値が大きくなればなるほど y の値は小さくなることがわかります。

関数 32 $y = ax^2$ の変化の割合

関数 $y = ax^2$ において，x の値が m から n まで増加するときの

変化の割合は，$a(m+n)$

例題

関数 $y = x^2$ について，x の値が 1 から 4 まで増加するときの変化の割合を求めなさい。 （栃木県）

使い方ナビ 上記の公式に $a = 1$，$m = 1$，$n = 4$ を代入します。

解答

$1 \times (1 + 4) = 1 \times 5$
$ = \underline{5}$

[注意] もちろん，変化の割合の定義通り，

$$\frac{4^2 - 1^2}{4 - 1} = \frac{15}{3} = 5$$

としても求められるのですが，公式を用いたほうが，計算が易しくなります。
（増加量が文字で表されている場合などに有効です。）

公式 のなりたち！

> 変化の割合 $= \dfrac{y の増加量}{x の増加量}$

です。関数 $y = ax^2$ について，x の値が m から n まで増加するとき，x の増加量と y の増加量を a, m, n を使って表します。

$$
\begin{aligned}
変化の割合 &= \frac{an^2 - am^2}{n - m} \\
&= \frac{a(n^2 - m^2)}{n - m} \quad \leftarrow 分子を因数分解 \\
&= \frac{a(n + m)(n - m)}{n - m} \quad \leftarrow 約分 \\
&= \boldsymbol{a(m + n)}
\end{aligned}
$$

となります。

➕ プラスワン

入試でよく出題される変化の割合の問題を2つ紹介します。

例1 関数 $y = ax^2$ で，x の値が1から3まで増加するときの変化の割合が2である。a の値を求めなさい。 (埼玉県)

例2 関数 $y = x^2$ について，x の値が a から $a + 2$ まで増加するときの変化の割合が -8 である。a の値を求めなさい。

(長野県)

解答

（例1） $a \times (1 + 3) = 2 \Rightarrow 4a = 2 \Rightarrow \boldsymbol{a = \dfrac{1}{2}}$

（例2） $1 \times \{a + (a + 2)\} = -8 \Rightarrow 2a + 2 = -8 \Rightarrow \boldsymbol{a = -5}$

関数 33

$y = ax^2$ と直線の式

関数 $y = ax^2$ において，このグラフ上の2点A，Bの x 座標がそれぞれ m, n のとき，この2点A，Bを通る直線の式は，

$$y = a(m+n)x - amn$$

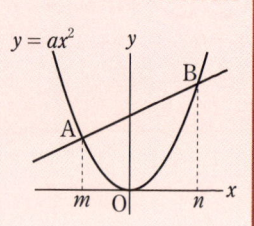

例題

右の図の関数 $y = \dfrac{1}{4}x^2$ について，2点A，Bを通る直線の式を求めなさい。（三重県改題）

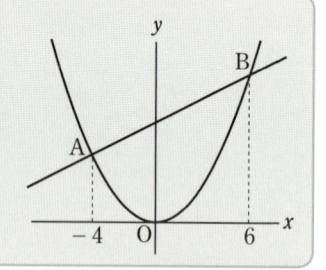

使い方ナビ

上記の公式に $a = \dfrac{1}{4}$, $m = -4$, $n = 6$ を代入します。

解答

$$y = \dfrac{1}{4} \times \{(-4) + 6\} \times x - \dfrac{1}{4} \times (-4) \times 6$$

より，求める直線の式は，

$$y = \dfrac{1}{2}x + 6$$

公式のなりたち！

関数 $y = ax^2$ について，x の値が m から n まで増加するときの変化の割合は $a(m + n)$ です（59ページ参照）。

変化の割合 ＝ 傾き

なので，

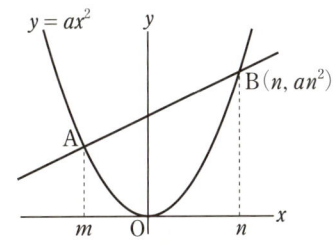

$a(m + n)$ がこの直線の傾き

となります。

点 $B(n, an^2)$ なので，$y = a(m + n)x + b$ とおき，$x = n$，$y = an^2$ を代入すると，

$an^2 = a \times (m + n) \times n + b$

$an^2 = amn + an^2 + b$

$b = -amn$ ←切片

求める直線の式は，

$y = a(m + n)x - amn$

となることがわかります。

この公式より，比例定数と 2 点 A，B の x 座標さえわかれば，直線の式を求めることができるわけです。

関数 34: $y = ax^2$ と三角形の面積

関数 $y = ax^2$ $(a > 0)$ において，このグラフ上の2点A，Bの x 座標がそれぞれ m，n $(m < 0 < n)$ のとき，

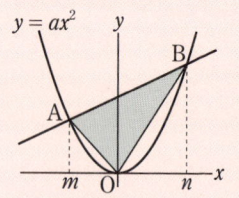

$$\triangle \text{OAB} = \frac{1}{2} \times (n - m) \times (-amn)$$

つまり，△OABの面積は
$\frac{1}{2} \times (2点A, Bの x 座標の差) \times (直線ABの切片)$

例題

右の図の関数 $y = \frac{1}{2}x^2$ について，△OABの面積を求めなさい。

(佐賀県)

使い方ナビ 上記の公式に $a = \frac{1}{2}$，$m = -2$，$n = 4$ を代入します。

解答

$$\frac{1}{2} \times \{4 - (-2)\} \times \left\{\left(-\frac{1}{2}\right) \times (-2) \times 4\right\} = \frac{1}{2} \times 6 \times 4 = \underline{12}$$

公式のなりたち！

関数 $y = ax^2$ について，2点A，B を通る直線の式は，

$y = a(m + n)x - amn$ ← 60ページの公式です。

なので，切片は

$-amn$ ←底辺とします。

です。

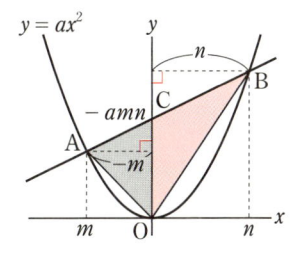

△OAB を2つの △OAC と △OBC に分けて考えます。

$$\triangle OAB = \triangle OAC + \triangle OBC$$

$$= \frac{1}{2} \times (-amn) \times (-m) + \frac{1}{2} \times (-amn) \times n$$

$$= \frac{1}{2} \times (-amn) \times (-m + n)$$

$$= \frac{1}{2} \times (n - m) \times (-amn)$$

共通因数 $\dfrac{1}{2} \times (-amn)$ でくくる。

なお，$a < 0$ のときの △OAB の面積の公式は以下のようになります。

$a < 0$ のとき

$$\triangle OAB = -\frac{1}{2} \times (n - m) \times (-amn)$$

つまり，$a > 0$ のときとのちがいは，$\dfrac{1}{2}$ の前にマイナスの符号がつくことだけです。

関　数　63

関数 35 等積変形

右の図において、

底辺 AB が共通で、
△ABC ＝ △ABD
のとき、

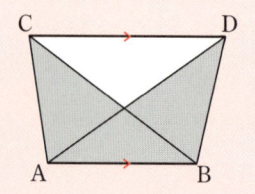

AB ∥ CD

例題

右の図で、関数 $y = \dfrac{1}{4}x^2$ のグラフ上に2点A, Bがある。また、点Bを通りy軸に平行な直線 ℓ 上に点Cがある。点Aのx座標が -4, 点Bのx座標が2, 点Cのy座標は正である。△OAB ＝ △OBC のとき、点Cの座標を求めなさい。

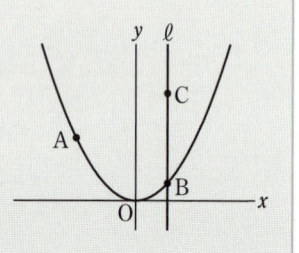

(富山県)

使い方ナビ △OAB ＝ △OBC より、共通している底辺はOBです。そのため、OB∥ACで、

　(OBの傾き) ＝ (ACの傾き)

となります。

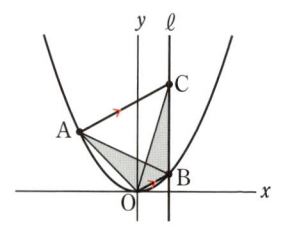

解答

点 C の y 座標を c とすると,C$(2, c)$

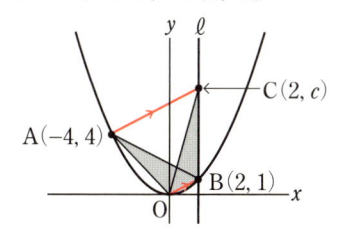

また,A$(-4, 4)$,B$(2, 1)$ なので,

OB の傾きは,$\dfrac{1}{2}$

AC の傾きは,

$$\dfrac{c-4}{2-(-4)} = \dfrac{c-4}{6}$$

AC // OB だから,$\dfrac{c-4}{6} = \dfrac{1}{2}$

これを c について解くと,$c = 7$

よって,<u>C$(2, 7)$</u>

[注意] 点 C の y 座標の符号に制限がない場合は,AC の式が $y = \dfrac{1}{2}x + 6$ であるから,これを y 軸の負の方向へ12平行移動させた $y = \dfrac{1}{2}x - 6$ と ℓ との交点 $(2, -5)$ も求める点 C となります。

関　数

関数 36 座標平面上における線分の長さの関係

座標平面上において，線分 AC 上に点 B があるとき，AB と BC の長さの比は，2点の

x 座標どうしの差

または

y 座標どうしの差

となる。つまり，

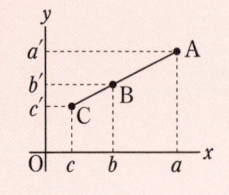

$AB : BC = (a-b) : (b-c) = (a'-b') : (b'-c')$

例題

右の図で，$A(-3, 9)$，$B(3, 3)$，$C(6, 0)$ のとき，線分 AB の長さは，線分 AC の長さの何倍か求めなさい。

(福井県改題)

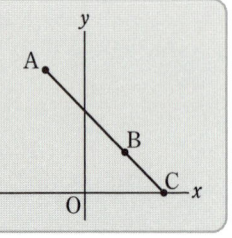

使い方ナビ

3点 A, B, C は一直線上にあるので，2点 A, B および2点 A, C の x 座標どうしの差をそれぞれ計算します。

解答

$$\frac{AB}{AC} = \frac{3-(-3)}{6-(-3)}$$

$$= \frac{6}{9} = \underline{\frac{2}{3}} (倍)$$

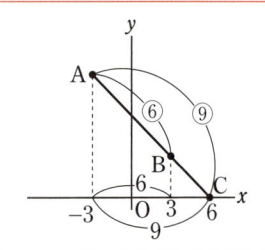

公式 のなりたち！

公式がなりたつのは直感的にわかりそうですが，正しく説明をするには，相似の考え方を利用します。

図1から，AD∥BE∥CFなので，平行線と比の関係から，
　　AB：BC ＝ DE：EF
となるので，AB と BC の比は，2点A，Bおよび2点B，Cの **x座標どうしの差** になることがわかります。

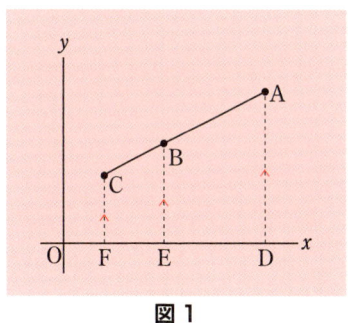

図1

図2

同様に，**図2**で，AG∥BH∥CIから，
　　AB：BC ＝ GH：HI
となるので，AB と BC の比は，2点A，Bおよび2点B，Cの **y座標どうしの差** になることもわかります。

> $A(a, a')$，$B(b, b')$，$C(c, c')$ が，この順に一直線上にあるとき，
> $$AB : BC = (a - b) : (b - c)$$
> $$= (a' - b') : (b' - c')$$

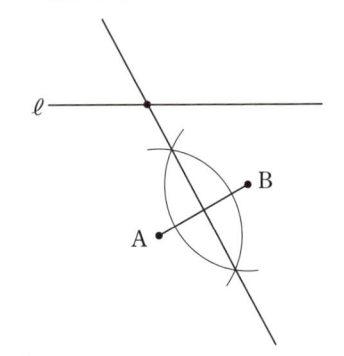

図形 37 ２点から等しい距離にある点の作図

２点から等しい距離
→ **２点を結ぶ線分の垂直二等分線**

例題

右の図で、直線 ℓ 上にあって、２点 A, B から等しい距離にある点を、作図によって求めなさい。　　（岩手県）

解答

手順

Ⅰ　点 A と点 B を直線で結ぶ。
Ⅱ　２点 A, B を中心として、それぞれ等しい半径の円をかく。
Ⅲ　Ⅱの２つの交点を通る直線をひく。
Ⅳ　Ⅲの直線と直線 ℓ の交点が求める点である。

図形 38 2辺から等しい距離にある直線の作図

2辺から等しい距離
→ 2辺がつくる角の二等分線

例題

右の図の△ABCで、2辺AB, BCに接し、AC上に中心がある円の中心Oを作図しなさい。 （栃木県）

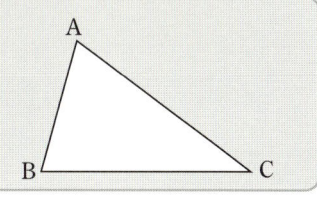

使い方ナビ 2辺AB, BCに接するので、AB, BCでつくられる∠ABCの二等分線上に円の中心はあります。

解答

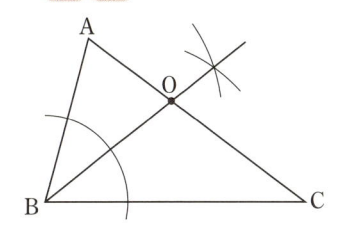

手順
Ⅰ 点Bを中心とする円をかく。
Ⅱ Ⅰの円と2辺AB, BCとの交点をそれぞれ中心とする等しい半径の円をかく。
Ⅲ Ⅱの2円の交点と点Bを通る半直線をひく。
Ⅳ Ⅲの半直線と辺ACとの交点が求める点である。

図形 39 OPを斜辺とする直角三角形の作図

OPを斜辺とする直角三角形
→ OPを直径とする円

例題

右の図において，点Pから円Oへの接線をすべて作図しなさい。　（山梨県）

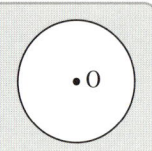

使い方ナビ 接点をQとすると，∠OQP = 90°なので，OPを斜辺とする直角三角形の作図，つまり **OPを直径とする円を作図**します。

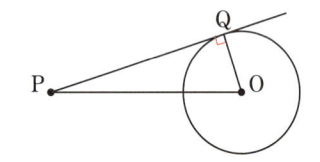

解答

OPを直径とする円と円Oとの交点が，接点になる。

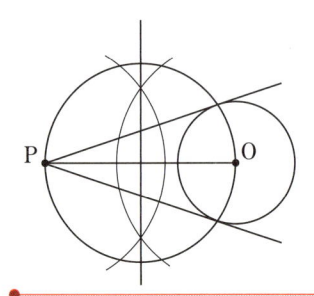

手順
Ⅰ　OPの垂直二等分線をかく。
Ⅱ　OPを直径とする円をかく。
Ⅲ　点Pと，Ⅱの円と円Oとの交点を直線で結ぶ。

ステップアップ　円の接線の性質

ほかに入試でよくねらわれる円の接線の性質に関して，いくつか紹介します。

① PQ，PR が円 O の接線のとき，
   PQ ＝ PR

   理由　直角三角形の斜辺と他の
   1辺がそれぞれ等しいので，
   △OPQ ≡ △OPR
   よって，
   　　PQ ＝ PR

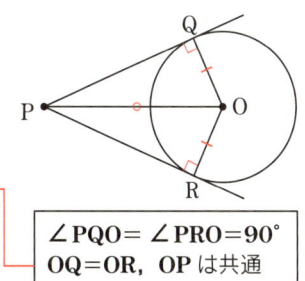

   > ∠PQO＝∠PRO＝90°
   > OQ＝OR，OP は共通
   > ⇨直角三角形の合同条件

   > 円外の1点から，その円にひいた2つの接線の長さは等しい。

② 四角形 ABCD の各辺が円 O に接しているとき，
   AB ＋ CD ＝ AD ＋ BC

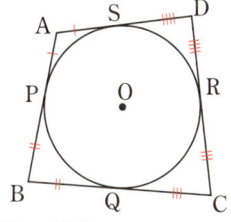

   理由　接点を P，Q，R，S とすると，
   ①から，
   AP ＝ AS，BP ＝ BQ，CR ＝ CQ，DR ＝ DS
   よって，AB ＋ CD ＝ (AP ＋ BP) ＋ (CR ＋ DR)
   　　　　　　　　＝ (AS ＋ BQ) ＋ (CQ ＋ DS)
   　　　　　　　　＝ (AS ＋ DS) ＋ (BQ ＋ CQ)
   　　　　　　　　＝ AD ＋ BC

   > 1つの円に外接する四角形の2組の対辺の長さの和は，等しい。

図形 40

円錐の展開図

円錐の展開図で，底面の円，側面のおうぎ形について，

① $a = 360 \times \dfrac{r}{\ell}$

$\left(\text{中心角} = 360 \times \dfrac{\text{底面の円の半径}}{\text{母線}}\right)$

② $S = \pi \ell r$

（側面積 ＝ 円周率 × 母線 × 底面の円の半径）

例題

右の図の円錐の展開図で，底面の円 O の半径を求めなさい。（青森県）

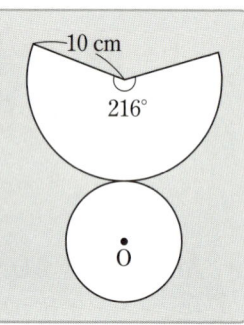

使い方ナビ

$a = 360 \times \dfrac{r}{\ell}$ なので，この式を底面の円の半径 r について解くと，次のようになります。

$r = \ell \times \dfrac{a}{360}$ $\left(\text{底面の円の半径} = \text{母線} \times \dfrac{\text{中心角}}{360}\right)$

解答

$\ell = 10$，中心角の大きさが216°なので，

$$r = 10 \times \frac{216}{360} = 6$$

よって，円 O の半径は，**6 cm**

公式のなりたち！

①，②がなりたつのは，それぞれ円錐の展開図において，

側面のおうぎ形の弧の長さと底面の円周の長さが等しい

ことから説明することができます。

$$2\pi\ell \times \frac{a}{360} = 2\pi r$$

└─ 側面のおうぎ形の弧の長さ
　　＝底面の円周

この式を a について解くと，

① $a = 360 \times \dfrac{r}{\ell}$

がなりたつことがわかります。

また，側面のおうぎ形の面積 S は，①を利用すると，

$$S = \pi \times \ell^2 \times \frac{a}{360} = \pi \times \ell^2 \times 360 \times \frac{r}{\ell} \times \frac{1}{360}$$
$$= \pi\ell r$$

となります。よって，次の②がなりたつことがわかります。

② $S = \pi\ell r$

つまり，②の式からわかることは，円錐の側面積を求める際に，側面のおうぎ形の中心角の大きさをいっさい求める必要はないことがわかります。

母線と底面の円の半径さえわかれば，側面積の計算ができる。

図形 41 柱体と錐体の体積

底面積を S, 高さを h としたとき,

① **角柱・円柱の体積は Sh**

② **角錐・円錐の体積は $\dfrac{1}{3}Sh$**

例題

右の図は, 底面の1辺の長さが5cmの正方形で, 高さが9cmの正四角錐である。この正四角錐の体積を求めなさい。　　　　（奈良県）

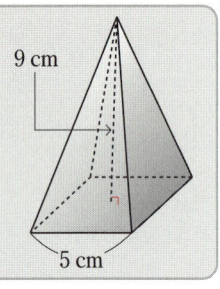

使い方ナビ　角錐・円錐の体積を計算する際には, $\dfrac{1}{3}$ を**かけ忘れないように注意**しましょう。

解答

$$\dfrac{1}{3} \times \underbrace{(5 \times 5)}_{\text{底面積}} \times \underbrace{9}_{\text{高さ}} = \mathbf{75(cm^3)}$$

図形 42 球の体積と表面積

球の半径 r とする。球の体積 V, 表面積 S について,

$$V = \frac{4}{3}\pi r^3$$

$$S = 4\pi r^2$$

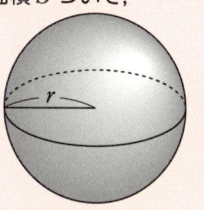

例題

右の図の半径 3 cm の球の体積を求めなさい。　　（北海道）

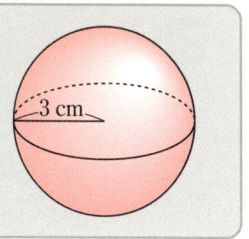

解答

$$\frac{4}{3}\pi \times 3^3 = \underline{36\pi\,(\text{cm}^3)}$$

使い方ナビ

体積と表面積の公式を混同している人もたまにいますが, それは r（半径）の指数の値を見れば一発で解決できます。

体積の単位は cm③, m③ のように指数は ③
面積の単位は cm②, m② のように指数は ②

ですから, 球の体積は $\frac{4}{3}\pi r$③, 表面積は $4\pi r$② と指数に注目すれば間違いなく覚えることができるはずです。

図形 43 高さが異なる三角柱

三角柱を右の図のように切断したとき，底面積が S，高さがそれぞれ a, b, c のとき，この立体の体積 V は，

$$V = S \times \frac{a+b+c}{3}$$

体積 ＝ 底面積×高さの平均

例題

右の図の三角柱で，3点 P, Q, R を DP：EQ：CR ＝ 1：2：3 となるようにとる。立体 ABC-PQR の体積を V，立体 DEF-PQR の体積を W とするとき，$V = 2W$ となることを説明しなさい。（東京都立日比谷高等学校改題）

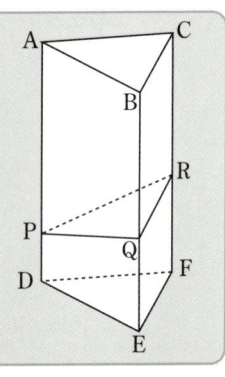

使い方ナビ V, W はそれぞれ合同な △ABC と △DEF をもっているので，V, W の高さの平均を文字を使って体積を表します。

解答

$AD = BE = CF = a$, $DP = x$, $EQ = 2x$, $CR = 3x$ とすると,

$AP = a - x$,
$BQ = a - 2x$,
$FR = a - 3x$

となります。

$\triangle ABC = \triangle DEF = S$ とすると,

$$V = \triangle ABC \times \frac{AP + BQ + CR}{3}$$

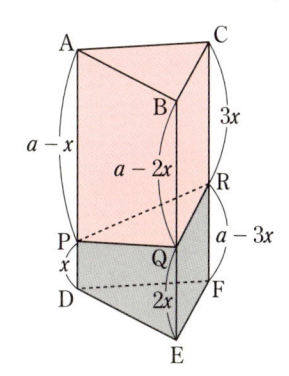

←高さの平均

$$= S \times \frac{(a-x)+(a-2x)+3x}{3}$$

$$= \frac{2aS}{3}$$

$$W = \triangle DEF \times \frac{DP + EQ + FR}{3}$$

←高さの平均

$$= S \times \frac{x + 2x + (a-3x)}{3}$$

$$= \frac{aS}{3}$$

よって, $V = 2W$ となります。

公式のなりたち！

p.76の立体（**図1**）を三角柱（**図2**）と四角錐（**図3**）に分けてそれぞれの体積を計算します。

図2の三角柱の体積は，

$$\frac{1}{2} \times x \times y \times a = \frac{axy}{2} \quad \cdots\cdots ☆$$

図3の底面が台形の四角錐の体積は，

$$\frac{1}{3} \times \left[\frac{1}{2} \times \{(b-a)+(c-a)\} \times x\right] \times y$$

$$= \frac{(b+c-2a)xy}{6} \quad \cdots\cdots ★$$

よって，合わせた立体の体積は，

$$☆ + ★ = \frac{axy}{2} + \frac{(b+c-2a)xy}{6}$$

$$= \frac{xy(3a+b+c-2a)}{6}$$

$$= \frac{xy(a+b+c)}{6}$$

$$= \frac{1}{2}xy \times \frac{a+b+c}{3}$$

$$= \boxed{S \times \frac{a+b+c}{3}}$$

底面積が S，高さが a, b, c の三角柱の体積の公式

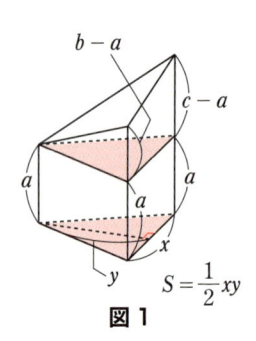

図1 $S = \frac{1}{2}xy$

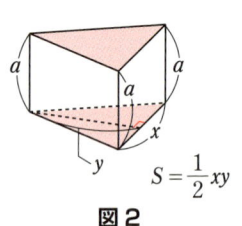

図2 $S = \frac{1}{2}xy$

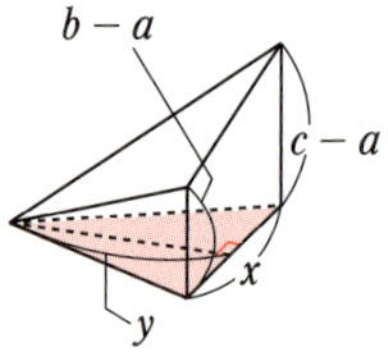

図3

ステップアップ

同様に，次の体積の公式もなりたちます。

円柱を切断した立体の体積 V

$$V = S \times \frac{a+b}{2}$$

理由 左下の図の立体を上下に2つ重ねると，高さ $a+b$ の円柱となるから，$V = S \times (a+b) \div 2 = S \times \dfrac{a+b}{2}$

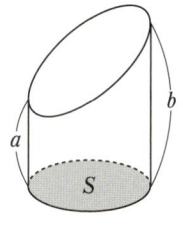

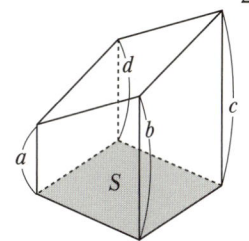

四角柱（底面は平行四辺形）を切断した立体の体積 V

$$V = S \times \frac{a+b+c+d}{4}$$

さらに，直方体を切断したとき，右上の図のように底面に垂直な4辺の長さが a, b, c, d（$a < d < b < c$）であれば，

直方体を切断した立体の体積 V

$$V = S \times \frac{a+c}{2} = S \times \frac{b+d}{2}$$

理由 この立体を上下に2つ重ねると，高さ $a+c$（$= b+d$）の四角柱（直方体）ができるから，その体積は，

$$V = S \times (a+c) \times \frac{1}{2} = S \times (b+d) \times \frac{1}{2}$$

図 形 | 79

図形 44 平行線と角度

折れ曲がっているところに平行線をひいて

同位角・錯角を利用する。

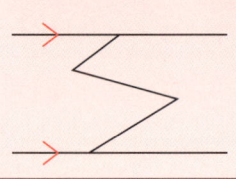

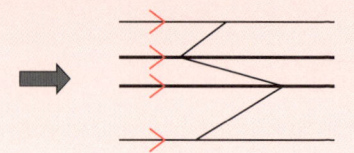

例題

右の図で，$\ell \parallel m$ のとき，$\angle x$ の大きさを求めなさい。

(青森県)

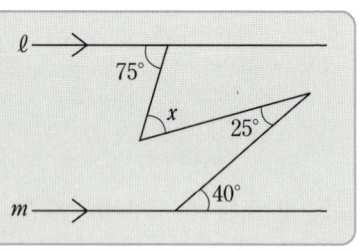

使い方ナビ

2か所折れ曲がっているので，それぞれ直線 ℓ，m に平行な直線をひいて考えます。

解答

右図から，
$\angle x = 75° - 15°$
$= \underline{60°}$

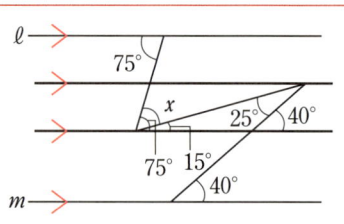

図形 45 ちょうちょ形と角度

$$\angle a + \angle b = \angle c + \angle d$$

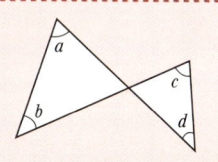

例題

右の図において，∠xの大きさを求めなさい。　（長崎県）

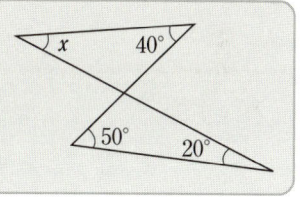

使い方ナビ

公式から，∠a + ∠b = ∠c + ∠d より，
∠a = ∠c + ∠d − ∠b

解答

∠x = 50° + 20° − 40° = <u>30°</u>

公式のなりたち！

下の図で，左右の三角形について，次のことに注目します。

2つの内角の和が残った1つの外角に等しい

左の三角形から，∠a + ∠b = ∠e
右の三角形から，∠c + ∠d = ∠e
となるので，次の式がなりたちます。

∠a + ∠b = ∠c + ∠d

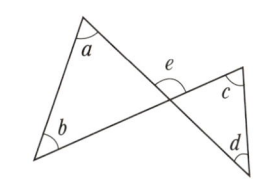

図形 46 ブーメラン形と角度

$$\angle x = \angle a + \angle b + \angle c$$

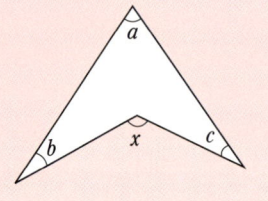

例題

右の図で，∠xの大きさを求めなさい。 （佐賀県）

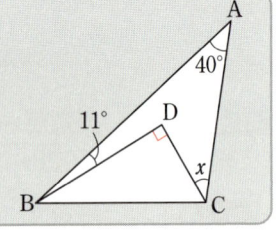

使い方ナビ

線分 BC は問題を解くときに使用しません。

解答

$$40° + 11° + \angle x = 90°$$

なので，

$$\angle x = \underline{39°}$$

公式 のなりたち！

三角形の2つの内角の和は残った1つの外角と等しいことを2回利用します。

方法① 図1のように補助線をひくと,
$\angle x = \angle y + \angle c$
$= (\angle a + \angle b) + \angle c$
$= \angle a + \angle b + \angle c$ ← 公式が導かれました。

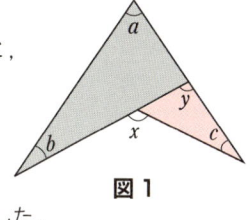

図1

方法② 図2のように補助線をひくと,
$\angle y = \angle b + \angle e$
$\angle z = \angle c + \angle f$
したがって,
$\angle x = \angle y + \angle z$
$= (\angle b + \angle e) + (\angle c + \angle f)$
$= (\angle e + \angle f) + \angle b + \angle c$
$= \angle a + \angle b + \angle c$

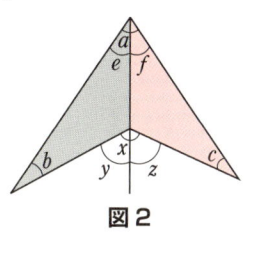

図2

つまり,
$\angle x = \angle a + \angle b + \angle c$ ← 公式が導かれました。

図形 47 (正) 多角形の内角と外角

n 角形について,

① **内角の和…$180° \times (n-2)$**
② **外角の和…$360°$**

正 n 角形について,

③ **1つの内角の大きさ…$\dfrac{180° \times (n-2)}{n}$**

④ **1つの外角の大きさ…$\dfrac{360°}{n}$**

例題

正五角形の1つの内角の大きさを求めなさい。　　　　　（岩手県）

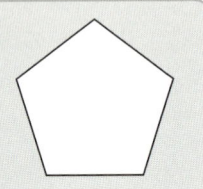

解答 1

③を直接使用します。

$n=5$ より,

$$\frac{180° \times (5-2)}{5} = \frac{180° \times 3}{5} = \underline{108°}$$

解答2

④と,となり合う内角と外角の和は180°であることを利用する。

$n = 5$ で,④から1つの外角の大きさは, $\dfrac{360°}{5} = 72°$

1つの内角の大きさは, $180° - 72° = \underline{\mathbf{108°}}$

公式のなりたち!

まず,①と②がなりたつことを説明します。

[①について] n 角形の内部に1点をとり,その点から各頂点に直線をひきます。

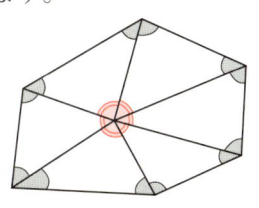

そうすると,三角形は n 個できるので,▲と▲のついた角の和は,

$180° \times n$ ……☆

（六角形の場合）

また,▲の角の和は,$360°$ ……★

☆－★が n 角形の内角の和になるので,

☆－★ $= 180° \times n - 360° = \mathbf{180° \times (n-2)}$

よって,①がなりたつことがいえます。

[②について] となり合う内角と外角の和は180°なので①から,n 角形の外角の和は,

$180° \times n - ① = 180° \times n - 180° \times (n-2)$
$= 180° \times n - 180° \times n + 360°$
$= \mathbf{360°}$ ←②が導けました。

③と④は正 n 角形は同じ大きさの角が n 個あるので,1つの内角と外角の大きさは,①と②の結果をそれぞれ n で割れば,公式が導けます。

図形 48 内角の二等分線と角度

$$x = 90 + \frac{a}{2}$$

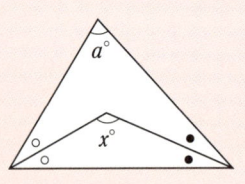

(注意) 図で、同じ印がついた角は等しいことを表します。以下のページも同様。

例題

右の図で、∠A = 48°の△ABCがあり、∠B, ∠Cの二等分線をそれぞれかいたときの交点をDとします。このとき、∠BDCの大きさ x を求めなさい。　(埼玉県)

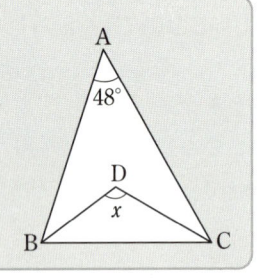

使い方ナビ

公式に $a = 48$ を代入します。

解答

$$\angle x = 90° + \frac{48°}{2}$$
$$= 90° + 24°$$
$$= \underline{114°}$$

86 | 第3章

公式のなりたち！

三角形の内角の和を利用して説明することができます。

$x = 180 - (○ + ●)$ ……☆

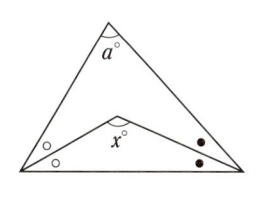

$○○ + ●● = 180 - a$ より,

$$○ + ● = \frac{1}{2}(180 - a)$$

$$= 90 - \frac{a}{2}$$ ……★

☆, ★から,

$$x = 180 - \left(90 - \frac{a}{2}\right)$$

$$= \boxed{90 + \frac{a}{2}}$$ ←公式が導かれました。

＋プラスワン

二等分線においては，次のようなパターンもありますので，簡単に紹介しておきます。

- $x = \dfrac{a}{2}$

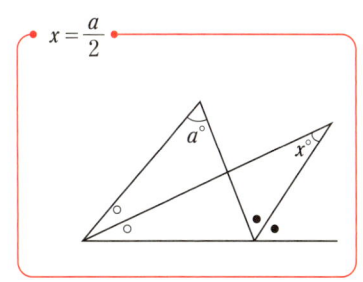

- $x = 90 - \dfrac{a}{2}$

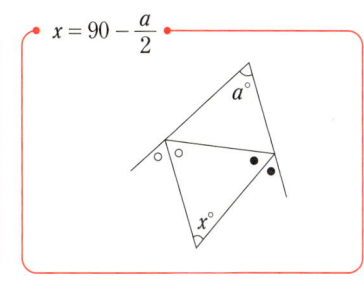

図形 49 星形五角形と角度

右の図で、各頂点 ∠a，∠b，∠c，∠d，∠e の和は、

180度

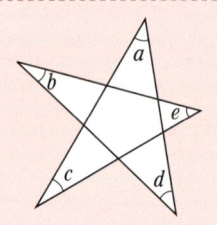

例題

右の図で、∠x の大きさを求めなさい。

(神奈川県平塚江南高等学校)

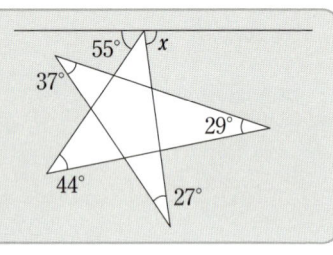

使い方ナビ

星形の残った1つの角の大きさを求めます。

解答

$\angle y = 180° - (37° + 44° + 27° + 29°)$
$= 43°$
$\angle x = 180° - (55° + \angle y)$
$= 180° - (55° + 43°)$
$= \underline{82°}$

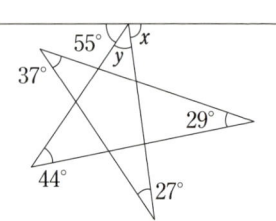

公式のなりたち！

2通りの方法で説明をしてみます。

◆方法①（補助線）
図1で，
$$\angle b + \angle e = \angle f + \angle g$$
なので，
$$\angle a + \angle b + \angle c + \angle d + \angle e$$
$$= \angle a + \angle c + \angle d + (\angle b + \angle e)$$
$$= \angle a + \angle c + \angle d + (\angle f + \angle g)$$
$$= \angle a + \angle c + \angle f + \angle g + \angle d$$
$$= \boxed{180°} \quad \leftarrow △ACD の内角の和！$$

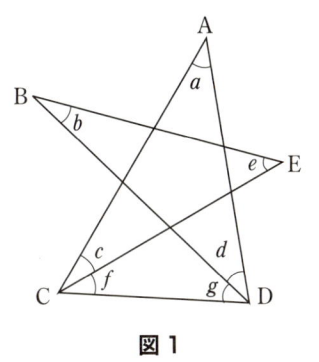

図1

◆方法②
図2で，
$$\angle h = \angle b + \angle d$$
$$\angle i = \angle c + \angle e$$
なので，
$$\angle a + \angle b + \angle c + \angle d + \angle e$$
$$= \angle a + (\angle b + \angle d) + (\angle c + \angle e)$$
$$= \angle a + \angle h + \angle i$$
$$= \boxed{180°} \quad \leftarrow △AFG の内角の和！$$

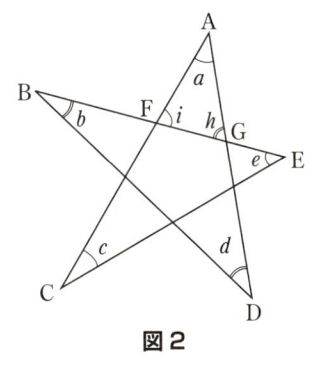

図2

方法①，②では，三角形の内角の和・内角と外角の関係に着目して結論を導いていることがわかります。

コラム　星形多角形の角の和

p.88の星形五角形は，1つの円周上に5個の点をとり，1つの点を出発して，1つおきに結んでできた図形と考えることができます（**図1**）。

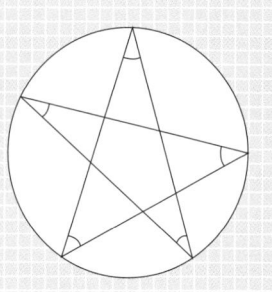

図1

一般的に，1つの円周上に n 個の点をとり，1つの点を出発して，1つおきに結んでできる星形 n 角形の頂点の角の和は，次のようになります。

星形 n 角形の角の和
$$180° \times (n - 4)$$

下の**図2**，**図3**は，$n = 6, 7$ の例です。

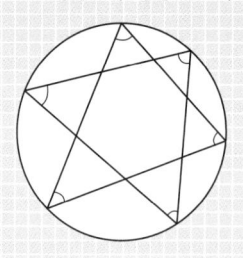

図2　星形六角形 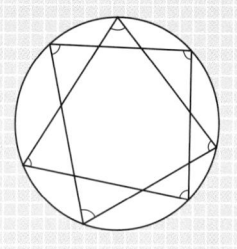　　　　　図3　星形七角形

$n = 6$ だから，　　　　　　$n = 7$ だから，
　$180° \times (6 - 4) = 360°$　　　$180° \times (7 - 4) = 540°$

星形七角形の角の和の説明

図3の1つの円周上に7個の点をとり,1つの点を出発して,1つおきに結んでできる星形七角形の各頂点の角の和が,
$$180° \times (7 - 4) = 540°$$
であることを説明します。

(▲の和) = (▲と△の和) − (△の和) で,求めることができます。

右の**図4**の星形七角形で,□部分は三角形が7つあるので,
　(▲と△の和) = $180° \times 7$
また,△は□部分の七角形の外角なので,
　(△の和) = $360° \times 2$　←外角の和2つ分

図4

よって,
$$\begin{aligned}(▲の和) &= 180° \times 7 - 360° \times 2 \\ &= 180° \times 7 - (180° \times 2) \times 2 \\ &= 180° \times 7 - 180° \times 4 \\ &= 180° \times (7 - 4) = 540°\end{aligned}$$
となります。

一般に星形 n 角形の場合も星形七角形と同様に考えると,
(▲と△の和) = $180° \times n$,(△の和) = $360° \times 2$ となるので,
$$\begin{aligned}(▲の和) &= 180° \times n - 360° \times 2 \\ &= 180° \times n - 180° \times 4 \\ &= 180° \times (n - 4)\end{aligned}$$
と説明できます。

図形 50 重なった2つの正方形

右の図のように、2つの合同な正方形を、1つの頂点と対角線の交点で重ねたとき、

重なった部分の面積は、

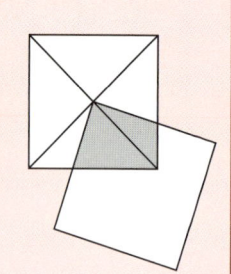

正方形の $\dfrac{1}{4}$

例題

1辺の長さが8 cmの合同な正方形の紙を右の図のように重ねました。▢の面積を求めなさい。

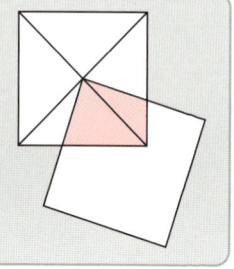

（山梨県改題）

解答

$$(8 \times 8) \times \dfrac{1}{4} = \mathbf{16\,(cm^2)}$$

（8×8 は）正方形の面積

公式のなりたち！

図1で，△ODC と △OEB において，
- OC = OB
- ∠OCD = ∠OBE
- ∠DOC = 90°－∠COE
  　　　　= ∠EOB

1組の辺とその両端の角がそれぞれ等しいので，

　△ODC ≡ △OEB

→ 合同だから，面積も等しい。

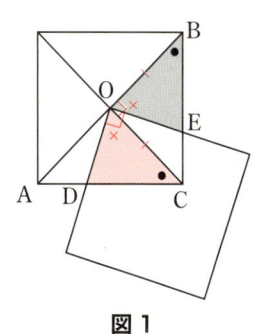

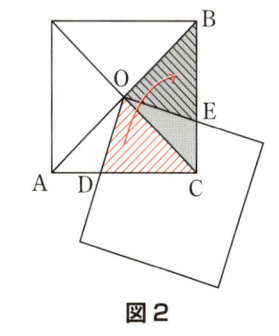

四角形 ODCE
= △ODC ＋ △OCE
= △OEB ＋ △OCE
= △OCB　（**図2**）

図1

図2

△OCB の面積は正方形の面積の $\frac{1}{4}$ なので，公式

> **四角形 ODCE（正方形の重なった部分）の面積**
> **= 正方形の面積 × $\frac{1}{4}$**

がなりたつことがわかります。

図形 51 となり合う2つの三角形の面積の比

面積の比
＝ 底辺の比

例題

右の図の $\triangle ABC$ で，点 D は辺 AC 上の点で，$AC:DC = 3:1$ である。線分 BD 上に点 E を $BD:ED = 4:1$ となるようにとる。$\triangle ABC$ の面積は $\triangle CDE$ の面積の何倍か求めなさい。（岐阜県改題）

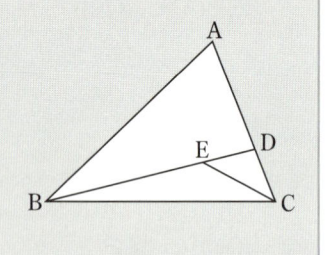

使い方ナビ となり合っている2つの三角形をさがしていきます。

解答

$\triangle CDE = S$ とします。

$\triangle CDE : \triangle CDB = DE : DB$
$= 1 : 4$

より，$\triangle CDB = 4S$ ……☆

$\triangle CDB : \triangle ABC = CD : AC$
$= 1 : 3$

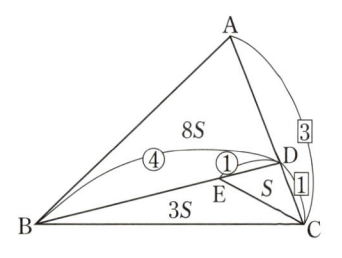

94 | 第3章

より，△ABC = 3 × △CDB ……★
☆，★より，
　△ABC = 3 × 4S = 12S
よって，**12倍**

公式 のなりたち！

三角形の面積の公式は，

$$底辺 \times 高さ \times \frac{1}{2}$$

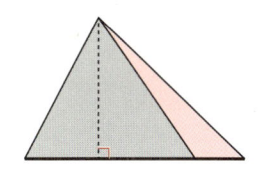

です。

つまり，上図のように ▨ と ▨ のとなり合う三角形の高さは共通しているので，2つの三角形の面積の比は，底辺の比で決まることが上記の三角形の面積の公式からわかります。

よって，

となり合う2つの三角形の面積の比
面積の比 = 底辺の比

例 また，
　面積の比 = 底辺の比
を利用すると，次の定理が成り立つことがわかります。

角の二等分線の定理
∠BAD = ∠CAD のとき，
AB : AC = BD : CD

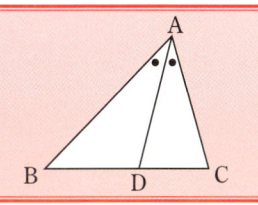

図形 52 １つの角が共通している２つの三角形の面積比

$OA:OB = a:b$,
$OC:OD = c:d$ のとき,

$$\triangle OAB : \triangle OCD = ab : cd$$

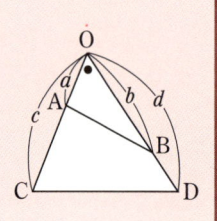

例題

右の図は，正三角形 ABC の紙を，頂点 A が辺 BC 上の点 D に重なるように折り，折り目を EF としたものである。$AE:EB = 7:8$, $AF:FC = 7:3$ のとき，$\triangle DEF$ の面積は，$\triangle ABC$ の面積の何倍になるか，求めなさい。(三重県改題)

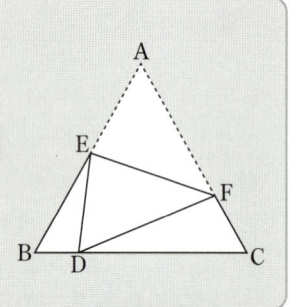

使い方ナビ $\triangle DEF = \triangle AEF$ です。$AE:AB$ と $AF:AC$ を求めます。

解答

$AE:AB = AE:(AE+EB)$
$\quad\quad\quad = 7:(7+8) = 7:15$
$AF:AC = AF:(AF+FC)$
$\quad\quad\quad = 7:(7+3) = 7:10$

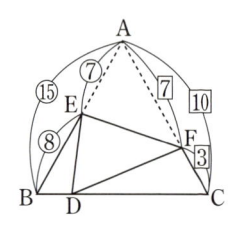

$$\frac{\triangle \text{DEF}}{\triangle \text{ABC}} = \frac{\text{AE} \times \text{AF}}{\text{AB} \times \text{AC}}$$

$$= \frac{7 \times 7}{15 \times 10} = \underline{\underline{\frac{\mathbf{49}}{\mathbf{150}}}} \text{(倍)}$$

公式のなりたち！

となり合う 2 つの三角形の面積の比を 2 回利用します。

右の図のように補助線 BC をひきます。▨ で，

$$\frac{\triangle \text{OAB}}{\triangle \text{OCB}} = \frac{\text{OA}}{\text{OC}} = \frac{a}{c} \quad \cdots\cdots ①$$

次に，▨ で，

$$\frac{\triangle \text{OCB}}{\triangle \text{OCD}} = \frac{\text{OB}}{\text{OD}} = \frac{b}{d} \quad \cdots\cdots ②$$

①，②より，

$$\frac{\triangle \text{OAB}}{\triangle \text{OCD}} = \frac{\triangle \text{OCB}}{\triangle \text{OCD}} \times \frac{\triangle \text{OAB}}{\triangle \text{OCB}}$$

$$= \frac{b}{d} \times \frac{a}{c} = \frac{ab}{cd}$$

よって，次の式がなりたちます。

$$\triangle \text{OAB} : \triangle \text{OCD} = \boldsymbol{ab} : \boldsymbol{cd}$$

この公式が説明していることは，

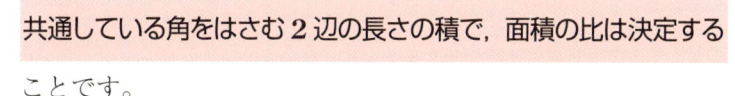

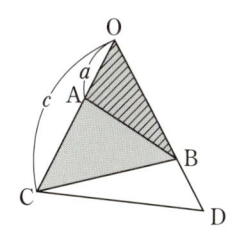

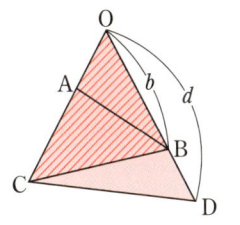

共通している角をはさむ 2 辺の長さの積で，面積の比は決定する

ことです。

相似 53 折り返しと相似

下図の長方形を折り曲げた図で,

△EBF ∽ △FCD

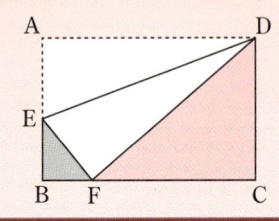

例題

図のように，長方形の紙 ABCD を，AE を折り目として頂点 B が辺 DC 上にくるように折り，頂点 B が移った点を F とする。このとき，△ADF ∽ △FCE であることを証明しなさい。 （愛知県）

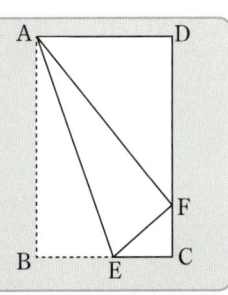

解答

（例） △ADF と △FCE で，
　　∠ADF = ∠FCE = 90°　……①
　　∠FAD = 90° − ∠DFA
　　∠EFC = 90° − ∠DFA
　よって，∠FAD = ∠EFC　……②
①，②より，2 組の角がそれぞれ等しいので，
　　△ADF ∽ △FCE

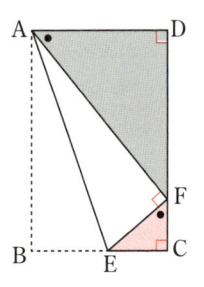

➕ プラスワン

🔶 パターン①──正方形を折り返す（島根県）

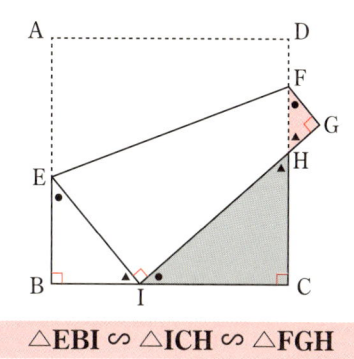

△EBI ∽ △ICH ∽ △FGH

🔶 パターン②──正三角形を折り返す（三重県）

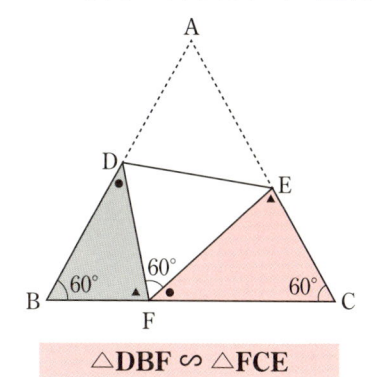

△DBF ∽ △FCE

相似 54 平行線と線分比

① DE ∥ BC のとき,

$$AD:AB = AE:AC = DE:BC$$

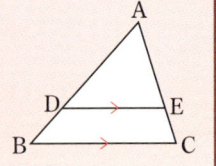

例題

右の図において，DE ∥ BC のとき，DE の長さを求めなさい。　（島根県）

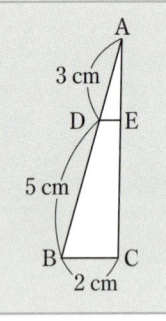

使い方ナビ　△ADE ∽ △ABC なので，対応する線分を正しく抜きだして考えます。

解答

$AD:AB = DE:BC$
$3:(3+5) = DE:2$
$3:8 = DE:2$

$$DE = \frac{3}{4} \text{(cm)}$$

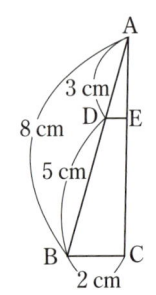

プラスワン

次の②の公式もなりたちます。

② DE ∥ BC のとき，
$$AD:AB = AE:AC$$
$$= DE:BC$$

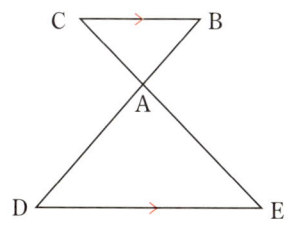

さらに，①から次の③の公式もなりたちます。

③ DE ∥ BC のとき，
$$AD:DB = AE:EC$$

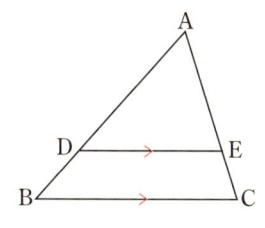

最後に③から，次の④の公式もなりたちます。

④ ℓ ∥ m ∥ n のとき，
$$AB:BC = DE:EF$$

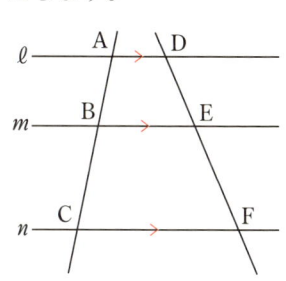

相似 55 中点連結定理

点 D, E がそれぞれ辺 AB, AC の中点のとき,

$$DE \mathbin{/\mkern-5mu/} BC$$

$$DE = \frac{1}{2} BC$$

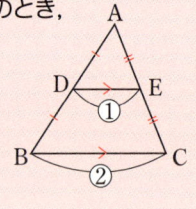

例題

右の図の △ABC で, 点 D, E は, AD = DE = EB となる点である。BC を延長した直線と, 点 D を通り線分 EC に平行な直線との交点を F とする。辺 AC と線分 DF の交点を G とする。GF = 7 cm のとき, DG の長さを求めなさい。(長野県)

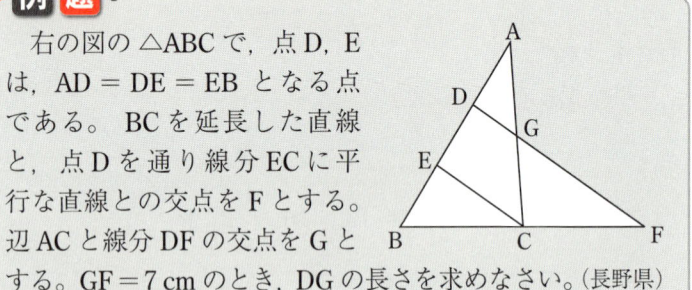

使い方ナビ 平行線と比から, AG = GC, BC = CF になります。中点連結定理を 2 度用いて DG の長さを求めます。

解答

DG = x cm とすると, 中点連結定理から,

EC = 2DG = $2x$ (cm),

DF = 2EC = $4x$ (cm)

$4x = x + 7$ より,

$x = \dfrac{7}{3}$ (cm)

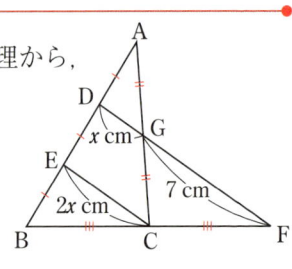

ステップアップ 重心

図1で，点D, Eがそれぞれ辺AB, 辺ACの中点で，BEとCDの交点をGとするとき，次のことがいえます。

> $BG : GE = CG : GD = 2 : 1$

中点連結定理を用いて説明します。
△GBCと△GEDにおいて，
中点連結定理より，DE∥BCなので，
　$\angle GBC = \angle GED$, $\angle GCB = \angle GDE$
2組の角がそれぞれ等しいので，
　△GBC ∽ △GED
よって，
　$BG : GE = CG : GD = BC : DE = 2 : 1$

図1

さらに，**図2**のように2点A, Gを結ぶ直線をひき，辺BCとの交点をFとすると，

> $BF = CF$, $AG : GF = 2 : 1$

であることもいえます。

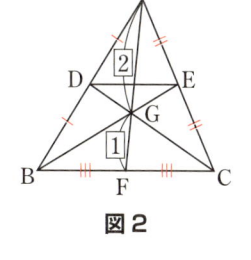

図2

このように，三角形の各頂点と向かい合う辺の中点を結んだ直線（中線）は1つの点Gで交わります。この点Gのことを<u>重心</u>といいます。

相似 56 台形における平行線と線分比

$AD \mathbin{/\mkern-5mu/} BC \mathbin{/\mkern-5mu/} EF$, $AE : EB = m : n$
($DF : FC = m : n$) のとき,

$$EF = \frac{na+mb}{m+n}$$

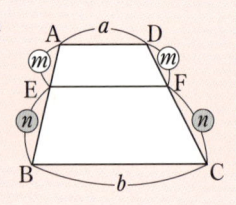

例題

右の図において，四角形 ABCD で，$AD \mathbin{/\mkern-5mu/} BC$ の台形であり，点 E は辺 AB の中点である。点 F を $AD \mathbin{/\mkern-5mu/} EF$ となるように辺 CD 上にとる。$AD = 7$ cm, $BC = 12$ cm のとき，EF の長さを求めなさい。
（島根県改題）

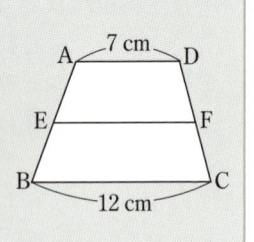

使い方ナビ

$AE = EB$ より，$m = n = 1$ となり，中点の場合の公式は，

$EF = \dfrac{1 \times a + 1 \times b}{1 + 1} = \dfrac{a+b}{2}$ （上底と下底の和の平均）

となります。

解答

$EF = \dfrac{a+b}{2}$ に $a = 7$, $b = 12$ を代入する。

$EF = \dfrac{7+12}{2} = \underline{\dfrac{19}{2}}$ **(cm)**

公式のなりたち！

台形を2つの三角形 ▨ と ▨ に分けて平行線と比を用います。

四角形 ABCD に対角線 AC をひいて，線分 EF との交点を G とします。△ABC において，

EG ∥ BC なので，

$\quad$ EG : BC = AE : AB

$\quad$ EG : b = m : $(m+n)$

$\quad$ EG = $\dfrac{bm}{m+n}$

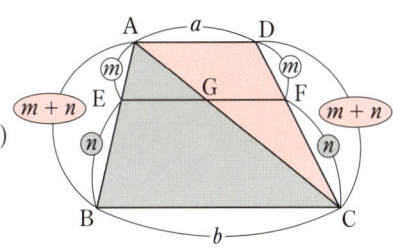

同様に，

$\quad$ GF : a = n : $(m+n)$，$\quad$ GF = $\dfrac{an}{m+n}$

したがって，

$\quad$ EF = EG + GF

$\quad\quad$ = $\dfrac{bm}{m+n} + \dfrac{an}{m+n}$

$\quad\quad$ = $\dfrac{an+bm}{m+n}$

となり公式がなりたちます。

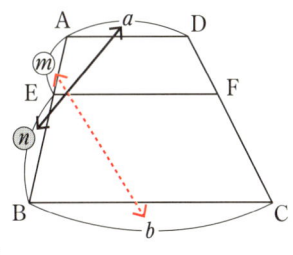

ここで，公式の覚え方としては，右の図のように，考えるとよいでしょう。

台形における平行線と線分の比

$\dfrac{(上底と下の比の積)と(下底と上の比の積)の和}{比の和}$

相 似

相似 57 相似な三角形のつくり方

相似な三角形がない場合，補助線または延長線をひいて，

平行線と比の形の 相似な三角形をつくる。

例題

右の図の長方形ABCDで，AB ＝ AQ ＝ 4 cm，BC ＝ 9 cm，CP ＝ 1 cm である。APとBQの交点をEとするとき，BE：QEを最も簡単な整数の比で表しなさい。

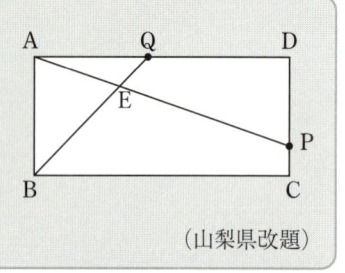

（山梨県改題）

使い方ナビ

求めたい **BE：QEを含む** ように平行線と比の形の相似な三角形をつくります。AP，BCの延長線をひいて考えます。

解答 1

APの延長とBCの延長との交点をRとする。

図1から，

　DA：CR ＝ PD：PC
　9：CR ＝ 3：1
　　　CR ＝ 3（cm）

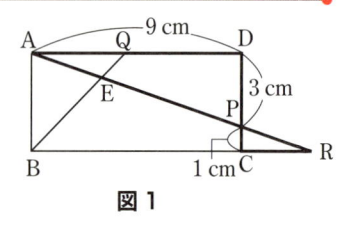

図1

図2から，
 BE：QE = BR：AQ
     = (9 + 3)：4
     = 12：4 = **3：1**

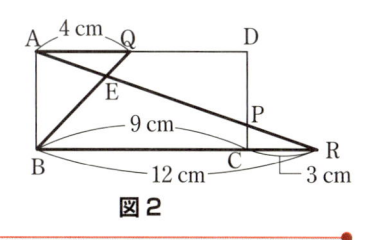

たとえば，**BE：QE** を含むように平行線と比の形の相似な三角形をつくればよいので，

　AB ∥ QR ∥ DC

となるように補助線をひき（**図3**），相似な三角形を利用して，BE：QE を求めることもできる。

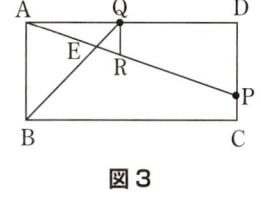

解答 2

図4から，
 QR：DP = AQ：AD
 QR：3 = 4：9
 $QR = \dfrac{4}{3}$（cm）

図5から，
 BE：QE = BA：QR
     $= 4：\dfrac{4}{3} =$ **3：1**

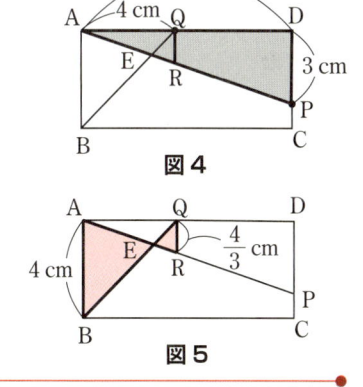

いずれの方法も，ともに平行線と比の形の相似な三角形に着目して，答えを導いています。

相似 107

相似 58 　連比

$AB : AC = a : b$
$AC : AD = c : d$
のように，AC の比が異なるときは，AC の b と c の

最小公倍数に比をそろえる。

例題

右の図のような平行四辺形 ABCD がある。点 E は辺 BC 上の点で，BE：EC ＝ 1：2 の点であり，点 F は辺 DC の中点である。線分 AE，線分 AF と対角線 BD との交点をそれぞれ G，H とするとき，△AGH の面積は平行四辺形 ABCD の面積の何倍か求めなさい。

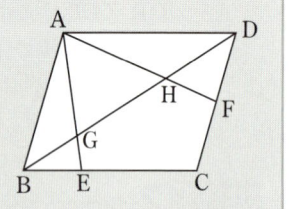

(香川県)

使い方ナビ 　となり合う 2 つの三角形の面積の比を利用して，GH：BD を求めます。そのために，

　　BG：BD
と
　　BH：BD
をそれぞれ平行線と比の性質を利用して求めます。

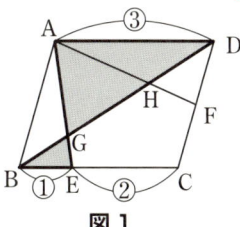

解答

図1から，
 BG：DG ＝ BE：DA
      ＝ 1：3
よって，
 BG：BD ＝ 1：**4**

図2から，
 BH：DH ＝ AB：FD
      ＝ 2：1
したがって，
 BH：BD ＝ 2：**3**

ここで，**4**と**3**の最小公倍数は**12**より，
 BG：BD ＝ 3：12，　←（1×3）：（4×3）
 BH：BD ＝ 8：12　　←（2×4）：（3×4）
と表すことができる（**図3**）。よって，
 GH：BD ＝ 5：12
 □ABCD ＝ 2 × △ABD
なので，

$$\frac{\triangle AGH}{\square ABCD} = \frac{\triangle AGH}{2 \times \triangle ABD}$$

$$= \frac{1}{2} \times \frac{GH}{BD}$$

$$= \frac{1}{2} \times \frac{5}{12}$$

$$= \frac{5}{24}$$

△AGH の面積は平行四辺形 ABCD の面積の $\dfrac{5}{24}$ **倍**

相似 59 正五角形の対角線の長さ

正五角形の1辺の長さと対角線の長さの比は，

$$1 : \frac{1+\sqrt{5}}{2}$$

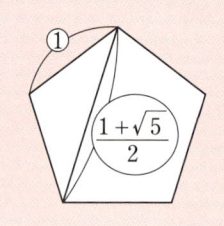

例題

右の図の正五角形において，線分 AB の長さが1のとき，線分 AC の長さを求めなさい。

（石川県改題）

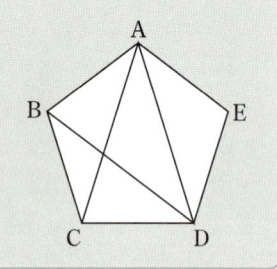

使い方ナビ

正五角形の対角線の長さは，**1辺の長さの $\frac{1+\sqrt{5}}{2}$ 倍**になります。

解答

対角線 AC の長さは，

$$1 \times \frac{1+\sqrt{5}}{2} = \underline{\frac{1+\sqrt{5}}{2}}$$

公式のなりたち！

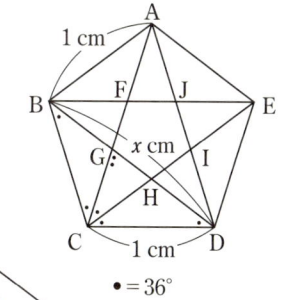

正五角形の1辺の長さを1cm, 対角線の長さを$x$cmとすると, **図1**から,

$\quad$ CD = GD

なので,

$\quad$ BG = $x-1$ (cm)

図2から,

$\quad$ △ABG ∽ △ACD

より,

$\quad$ AB : AC = BG : CD
$\qquad$ 1 : x = $(x-1)$: 1

$x^2 - x - 1 = 0$

$x > 0$ より,

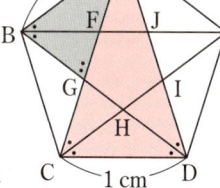

正五角形の対角線の長さ

$$x = \frac{1+\sqrt{5}}{2} \quad (x は正五角形の対角線の長さ)$$

他にも, **図3**のように

$\quad$ △FAB ∽ △FCE

を考えても上記の相似の性質を利用して, 対角線の長さを求めることができます。

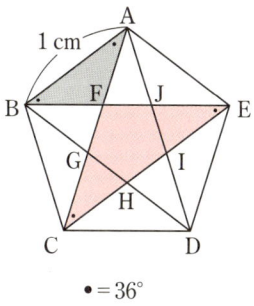

相似 60 底面が共通した立体の体積比

2つの底面が共通した立体において，

体積の比
＝高さの比

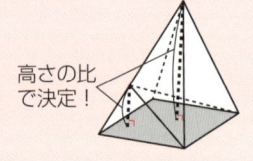

高さの比で決定！

例題

右の図の立体 A-BCD は，正四面体である。点 P, Q は辺 AB, CD 上の点で，PB：AB ＝ QD：CD ＝ 2：3 となるようにとる。このとき，立体 P-BQD の体積は，立体 A-BCD の体積の何倍か求めなさい。

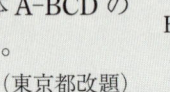

（東京都改題）

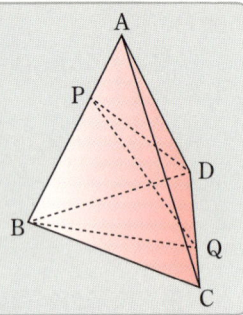

使い方ナビ

立体 P-BQD と立体 A-BCD の底面を △BQD と △BCD とすると，高さの比は PB：AB ＝ 2：3 になります。

解答

となり合う 2 つの三角形の面積の比から，
$$△BCD : △BQD = CD : QD$$
$$= 3 : 2$$

$$\frac{\text{P-BQD}}{\text{A-BCD}} = \frac{△BQD \times PB}{△BCD \times AB}$$

$$= \frac{2}{3} \times \frac{2}{3} = \underline{\underline{\frac{4}{9}}} \text{(倍)}$$

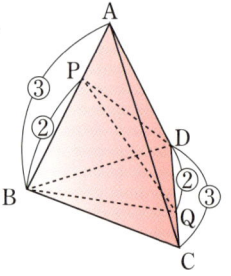

公式のなりたち！

前ページにおいて，立体の高さの比が PB：AB と等しくなることを説明します。これがいえれば，同じ立体において，底面が共通であれば，体積は

<u>底面積と高さ</u>

から求めることができるので，公式がなりたつことが確認できます。

前ページにおいて，この立体の高さを含む平面を抜き出し，点 A, P から底面（△BCD）に垂線 AH, PI をひきます（右図）。

この図を見ればわかる通り，AH ∥ PI となるので，

　PB：AB ＝ PI：AH

がいえて，

　PI は立体 P-BQD の高さ，

　AH は立体 A-BCD の高さ

になるので，次がわかります。

底面が共通した立体の体積比

体積の比は，高さの比と等しい。

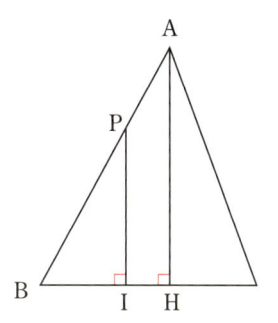

相似 61 相似比と面積比

相似な図形で,

相似比が $m:n$ のとき, 面積比は $m^2:n^2$

例題

右の図のように,円A,Bがあり,AとBの相似比は $1:3$ である。円Aの面積が 4π cm² のとき,円Bの面積を求めなさい。 （岡山県）

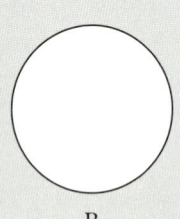

使い方ナビ AとBの面積比は,
$$1^2:3^2=1:9$$
となります。

解答

円Bの面積を S とすると,
$4\pi:S=1:9$
$S=36\pi$
よって,円Bの面積は, **36π cm²**

第4章

相似 62 相似比と体積比

相似な立体で,

相似比が $m:n$ のとき,
体積比は $m^3:n^3$

例題

右の図のように, 2つの相似な円錐P, Qがあり, 底面の半径はそれぞれ 2 cm, 3 cm である。円錐P と円錐Qの体積の比を求めなさい。 （新潟県）

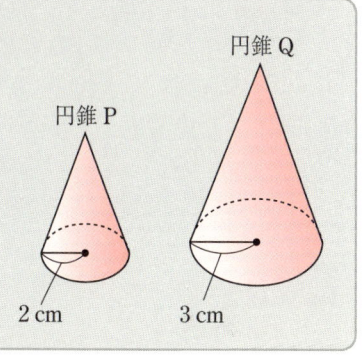

解答

相似比は 2:3 なので, 体積比は,
  P:Q $= 2^3:3^3 =$ **8:27**

[参考] 上の円錐P, Qの展開図も相似なので, 表面積の比は,
  $2^2:3^2 = 4:9$
となります。
　一般に, 相似比が $m:n$ である2つの立体の表面積の比は,
  $m^2:n^2$

相似 | 115

円 63 円周角と中心角

1つの弧に対する円周角は中心角の半分である。つまり，

$$\angle APB = \frac{1}{2} \angle AOB$$

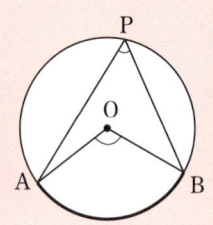

例題

右の図のように，円Oの円周上に3点A, B, Cをとります。∠BOC = 140°のとき，∠xの大きさを求めなさい。　（北海道）

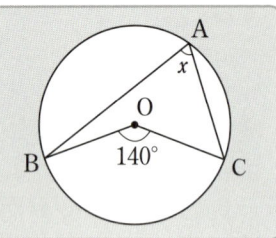

解答

$\angle x = \dfrac{1}{2} \times 140° = \underline{\mathbf{70°}}$

公式のなりたち！

円の中心Oが**図1**のように，∠APBの内部にあるとき，公式がなりたつことを説明します。

直径PQをひくと，△OPAは二等辺三角形になるので，∠OPA ＝ ∠OAP がなりたちま

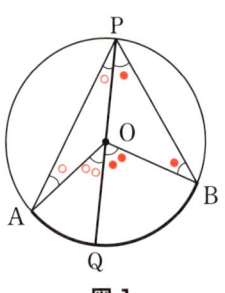

図1

す。三角形の内角と外角の関係から，

$\angle \mathrm{AOQ} = \angle \mathrm{OPA} + \angle \mathrm{OAP} = 2\angle \mathrm{OPA}$

となるので，

$\angle \mathrm{APQ} = \dfrac{1}{2} \angle \mathrm{AOQ}$

同様に△OBP においても，

$\angle \mathrm{BPQ} = \dfrac{1}{2} \angle \mathrm{BOQ}$

よって，

$\angle \mathrm{APB} = \angle \mathrm{APQ} + \angle \mathrm{BPQ}$

$= \dfrac{1}{2} \angle \mathrm{AOQ} + \dfrac{1}{2} \angle \mathrm{BOQ}$

$= \dfrac{1}{2} (\angle \mathrm{AOQ} + \angle \mathrm{BOQ}) = \dfrac{1}{2} \angle \mathrm{AOB}$

したがって，中心 O が∠APB の内部にあるとき，

1 つの弧に対する円周角は中心角の半分になる

ことがわかります。

円の中心 O が∠APB の内部にあるとき，公式がなりたつことを説明しましたが，円の中心 O が∠APB 上（**図2**）または∠APB の外部（**図3**）にあるときも公式はなりたちます。

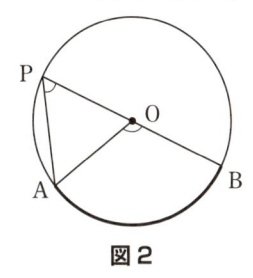

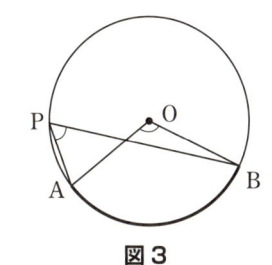

図2

図3

円 64

1つの弧に対する円周角

1つの弧に対する円周角はすべて等しい。つまり，

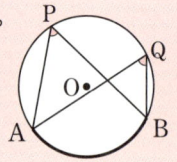

$$\angle APB = \angle AQB$$

例題

右の図のように，円Oの円周上に4点A, B, C, Dがある。$\angle ACB = 32°$，$\angle CAD = 48°$のとき，xの値を求めなさい。

（岐阜県）

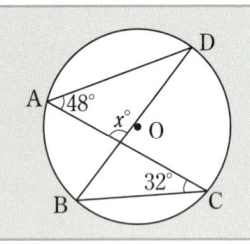

解答

$\stackrel{\frown}{AB}$ に対する円周角から，
　$\angle ADB = \angle ACB = 32°$
三角形の内角の和から，
　$x = 180 - (48 + 32) = \underline{100}$

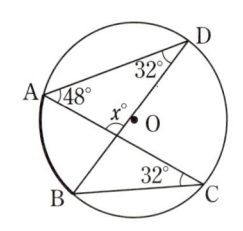

公式のなりたち！

$\angle APB$ と $\angle AQB$ の中心角の大きさは等しいので，

$$\angle APB = \frac{1}{2}\angle AOB = \angle AQB$$

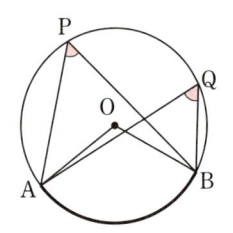

65 直径に対する円周角

（直径に対する円周角）＝ 90°

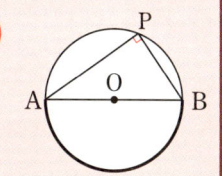

例題

右の図のように，円Oの周上に4点A, B, C, Dがあり，線分BDは直径である。∠BAC = 32°のとき，∠xの大きさを求めなさい。
（秋田県）

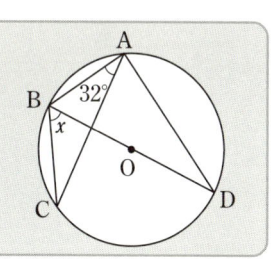

解答

$\overparen{CD}$ に対する円周角から，
　∠x = ∠CBD = ∠CAD
である。BDは直径だから，
　∠x = 90° − 32° = **58°**

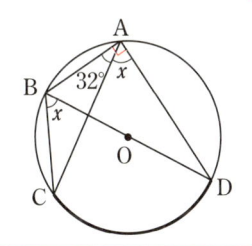

公式のなりたち！

円周角と中心角の関係から，
∠AOB = 180°なので，
　$\angle APB = \frac{1}{2} \angle AOB = \frac{1}{2} \times 180° = 90°$

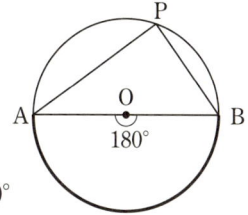

円 66 円周角と二等辺三角形

半径を利用して二等辺三角形を探す。

例題

図で，A，B，C は円 O の周上の点である。∠CAB = 34° のとき，∠OBC の大きさは何度か，求めなさい。
(愛知県)

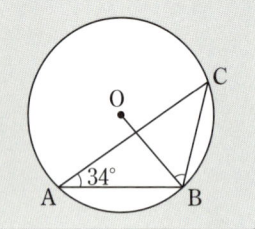

使い方ナビ

2点 O，C を直線で結び，**△OBC が二等辺三角形**であることを利用します。

解答

$\stackrel{\frown}{BC}$ の円周角と中心角の関係から，
　∠BOC = 2∠CAB = 2 × 34° = 68°
△OBC は二等辺三角形なので，
　∠OBC = (180° − 68°) ÷ 2 = **56°**

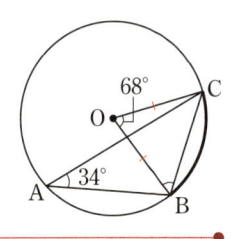

円 67 弧の長さと円周角

等しい弧に対する円周角（中心角）は等しい。

例題

右の図のように，円 O の円周上に 6 つの点 A, B, C, D, E, F があり，線分 AE と BF は円の中心 O で交わっている。また，∠AOB = 36° であり，点 C, D は $\overparen{BE}$ を 3 等分する点である。このとき，∠BFD の大きさを求めなさい。　　（新潟県）

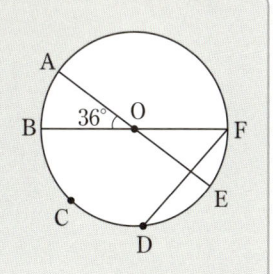

解答

$\overparen{BD} = \dfrac{2}{3}\overparen{BE}$ なので，

$$\angle BOD = \dfrac{2}{3}\angle BOE$$
$$= \dfrac{2}{3} \times (180° - 36°) = 96°$$

$\overparen{BD}$ に対する円周角と中心角の関係より，

$$\angle BFD = \dfrac{1}{2}\angle BOD = \dfrac{1}{2} \times 96° = \underline{\mathbf{48°}}$$

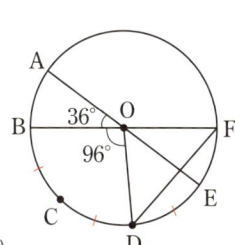

円 68 円周角の和

すべての弧に対する円周角の和は180度

例題

右の図のように，円Oの周上に，点A, B, Cがある。点Aを含まない $\overparen{BC}$ の長さと，点Aを含む $\overparen{BC}$ の長さの比が2:3のとき，∠xの大きさを求めなさい。

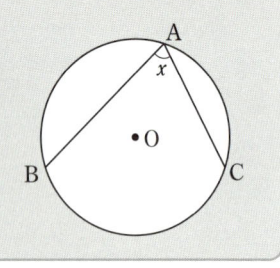

(石川県)

使い方ナビ

点Aを含まない $\overparen{BC}$ の円周角と点Aを含む $\overparen{BC}$ の円周角の和は**180度**になります。

解答

$$\angle x = 180° \times \frac{2}{2+3}$$
$$= 180° \times \frac{2}{5}$$
$$= \underline{72°}$$

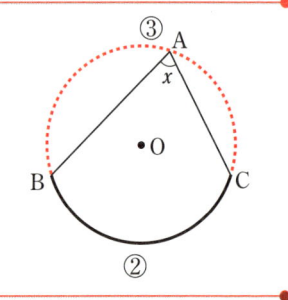

公式のなりたち！

右の図のように，円 O に 3 つの点 A, B, C を適当にとって，$\stackrel{\frown}{AB}$，$\stackrel{\frown}{BC}$，$\stackrel{\frown}{CA}$ に対する円周角の和が180°になることを説明します。

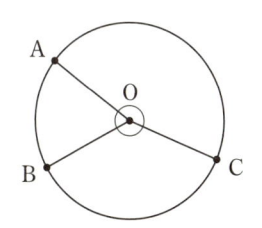

$\stackrel{\frown}{AB}$，$\stackrel{\frown}{BC}$，$\stackrel{\frown}{CA}$ に対する中心角の和は，

$$\angle AOB + \angle BOC + \angle COA = 360° \quad \cdots\cdots ☆$$

となるので，両辺を 2 で割ると，

$\stackrel{\frown}{AB}$ に対する円周角 + $\stackrel{\frown}{BC}$ に対する円周角
+ $\stackrel{\frown}{CA}$ に対する円周角 = 180°

となります。

そのため，公式がなりたつことがわかります。

円周角の和

すべての弧に対する円周角の和は，180度になる。

ここでは円周上に 3 点をとりましたが，点を 4 つ，5 つ，…と増やしても公式がなりたつことは同様に説明できます。

また，☆から，すべての弧の中心角の和は360度であることもわかります。

円 69 円周角の定理の逆

点 P, Q が直線 AB と同じ側にあって，
∠APB ＝ ∠AQB のとき，

4点 A, B, P, Q は 1つの円周上にある。

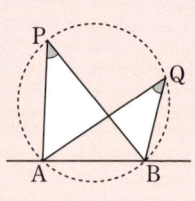

例題

右の図のような，四角形 ABCD があり，対角線 AC と対角線 BD の交点を E とする。∠ABD ＝ 32°，∠ACB ＝ 43°，∠BDC ＝ 68°，∠BEC ＝ 100° のとき，∠CAD の大きさを求めなさい。 （神奈川県）

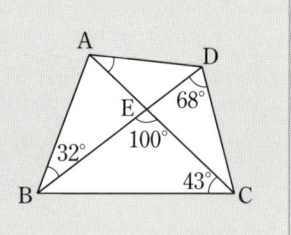

使い方ナビ

∠BAE ＝ 100° − 32° ＝ 68° ＝ ∠BDC となるので，4点 A, B, C, D は 1 つの円周上にあることがわかります。

解答

$\overparen{CD}$ に対する円周角から，
∠CAD ＝ ∠CBD
　　　 ＝ 180° − (100° + 43°)
　　　 ＝ **37°**

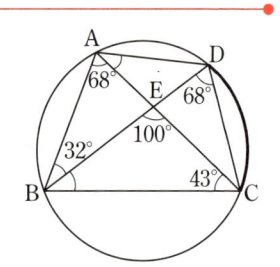

公式のなりたち！

点Pが円の円周上の点として，点Qが円の①円周上，②内部，③外部にあるとき，それぞれ∠APBと∠AQBの大きさについて調べると，以下のようになります。

① 点Qが円の円周上

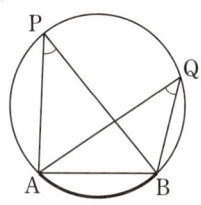

円周角の定理により，

∠APB = ∠AQB

② 点Qが円の内部

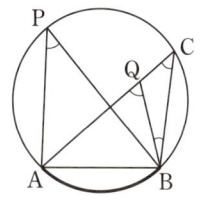

円周角の定理と△BCQの内角と外角の関係から，

∠AQB = ∠ACB + ∠QBC
　　　= ∠APB + ∠QBC

となるので，

∠APB < ∠AQB

③ 点Qが円の外部

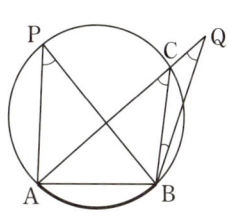

円周角の定理と△BCQの内角と外角の関係から，

∠AQB = ∠ACB − ∠QBC
　　　= ∠APB − ∠QBC

となるので，

∠APB > ∠AQB

70 三平方の定理

3辺がすべて整数の直角三角形

3辺がすべて整数比となる直角三角形の比は,

① $3:4:5$
② $5:12:13$
③ $8:15:17$

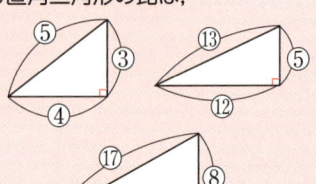

例題

右の図で, AB = 10 cm, BC = 6 cm, ∠ACB = 90°のとき, CAの長さを求めなさい。　　　　　　　　　　（岐阜県改題）

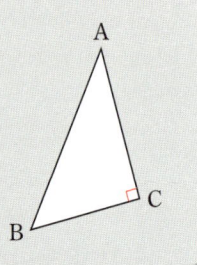

使い方ナビ

∠ACB = 90°であることと, BC : AB = 6 : 10 = 3 : 5 より, BC : CA : AB = $3:4:5$ になります。

解答

BC : CA = 3 : 4
6 : CA = 3 : 4
CA = <u>8 (cm)</u>

特に①の 3 : 4 : 5 の比をもつ直角三角形は入試ではよく出題されるので, 覚えておくとすばやく計算をすることができます。

> **コラム　ピタゴラス数**

それでは，3辺がすべて整数となる直角三角形はどれだけあるのか？　という疑問がでてきます。

一般的に a, b, c の最大公約数が1で，$a^2 + b^2 = c^2$ を満たす自然数 (a, b, c) の組は無数にあることが知られています。つまり，3辺がすべて整数となる直角三角形は無数にあります。

また上記の a, b, c は自然数 m, n $(m > n)$ を使って次の式で表せることが知られています。

$$a = m^2 - n^2, \quad b = 2mn, \quad c = m^2 + n^2$$

また，以下のことも知られています。
・a または b は3の倍数
・a または b は4の倍数
・a または b または c は5の倍数

これらの結果からわかるとおり，数学的にも非常に興味深い内容なので，自然数 (a, b, c) の組のことをピタゴラス数とよんでいます。

71 三平方の定理

座標平面上の2点間の距離

座標平面上の2点 $A(x_1, y_1)$, $B(x_2, y_2)$ のとき、2点 A, B 間の距離は、

$$AB = \sqrt{(x_1-x_2)^2+(y_1-y_2)^2}$$

(つまり、$\sqrt{x座標の差^2 + y座標の差^2}$)

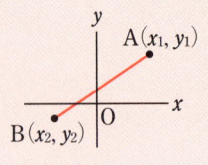

例題

2点 $A(4, 3)$, $B(2, -2)$ の間の距離を求めなさい。ただし、原点を O とし、原点 O から点 $(1, 0)$ の距離を 1 cm とする。

(神奈川県)

解答

$AB = \sqrt{(4-2)^2+\{3-(-2)\}^2} = \sqrt{2^2+5^2} = \underline{\sqrt{29}}$ (cm)

公式のなりたち！

右の図のように、直角三角形 ABC をつくります。
△ABC において、三平方の定理より、

$AB = \sqrt{BC^2 + AC^2}$

から、

座標平面上の2点間の距離
$$AB = \sqrt{(x_1-x_2)^2+(y_1-y_2)^2}$$

となります。

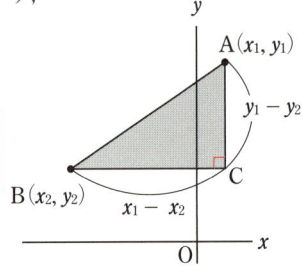

三平方の定理 72

弦の長さ

円 O で，半径 r，円の中心 O と弦 AB の距離を h とするとき，弦 AB の長さは，

$$2\sqrt{r^2 - h^2}$$

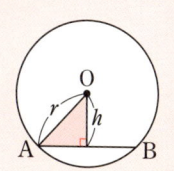

例題

右の図の円 O で，弦 AB の長さを求めなさい。 （青森県）

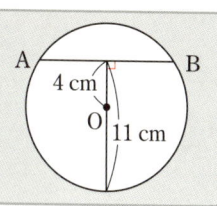

使い方ナビ 半径は，$r = 11 - 4 = 7$ (cm) となります。

解答

$r = 7$，$h = 4$ より，弦 AB の長さは，
$2\sqrt{r^2 - h^2} = 2 \times \sqrt{7^2 - 4^2} = \underline{2\sqrt{33}} \text{ (cm)}$

公式のなりたち！

右の図から，△OAB は二等辺三角形になります。円の中心 O から弦 AB へ垂線 OH をひくと，
$AB = 2AH = 2\sqrt{OA^2 - OH^2}$
$= 2\sqrt{r^2 - h^2}$

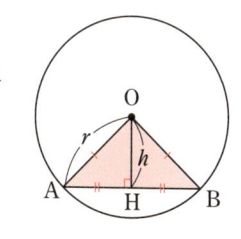

73 三平方の定理

特別な直角三角形の3辺の長さの比

① 直角二等辺三角形

➡ $1 : 1 : \sqrt{2}$

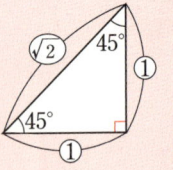

② 30°, 60°の直角三角形

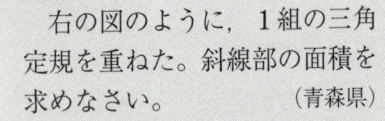

➡ $1 : 2 : \sqrt{3}$

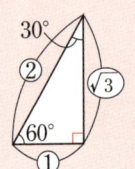

例題

右の図のように，1組の三角定規を重ねた。斜線部の面積を求めなさい。 (青森県)

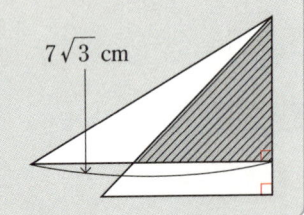

解答

斜線部は直角二等辺三角形になります。
$AC : BC = 1 : \sqrt{3}$ なので，

$$AC = \frac{1}{\sqrt{3}} BC = \frac{1}{\sqrt{3}} \times 7\sqrt{3}$$
$$= 7 \text{(cm)}$$

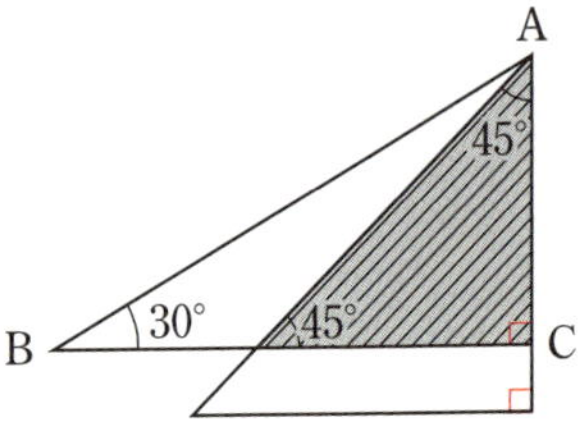

斜線部の面積は，

$$\frac{1}{2} \times 7 \times 7 = \underline{\frac{49}{2} \text{(cm}^2\text{)}}$$

公式のなりたち！

①と②の三角定規の形について、それぞれ調べてみます。

① 直角二等辺三角形

等しい2辺を1、斜辺の長さを x とする。
$x^2 = 1^2 + 1^2$
$x^2 = 2$
$x > 0$ なので、
$x = \sqrt{2}$ ──→ 3辺の比は、**$1 : 1 : \sqrt{2}$**

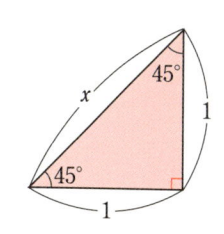

② 30°, 60° の直角三角形

右の図の正三角形で、1辺の長さを2とします。

辺BCに垂線ADをひくと、点DはBCの中点なので、
BD $= 1$
AD $= x$ とすると、
$x^2 = 2^2 - 1^2$
$x^2 = 3$
$x > 0$ なので、
$x = \sqrt{3}$ ──→ 3辺の比は、**$1 : 2 : \sqrt{3}$**

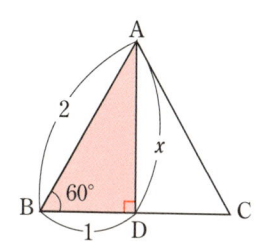

> 二等辺三角形の頂角から底辺に垂線をひくと、垂線は底辺を2等分し、頂角も2等分する。

①, ②より、それぞれ公式がなりたつことがわかります。

特別な直角三角形の3辺の比

45°, 45°, 90° ⇨ $1 : 1 : \sqrt{2}$
30°, 60°, 90° ⇨ $1 : 2 : \sqrt{3}$

三平方の定理 74

特別な直角三角形の応用

① 30°，45°，105°の三角形と，
② 45°，60°，75°の三角形は，
105°と75°の角から垂線をひいて

1組の三角定規の形をつくる。

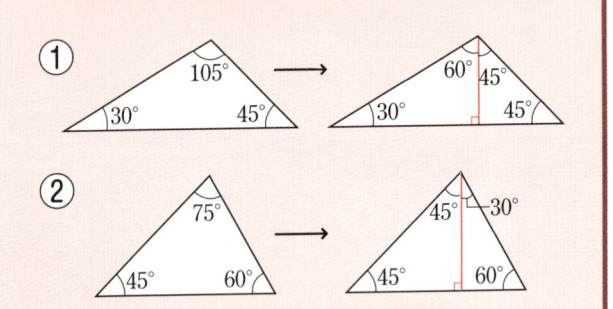

①

②

例題

右の図のような，AC = 1 cm，∠ACB = 105°，∠BAC = 45°である三角形ABCを，辺ABを軸として1回転させたときにできる立体の表面積を求めなさい。ただし，円周率はπとする。

（神奈川県立小田原高等学校）

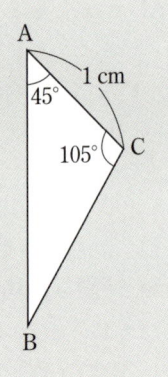

使い方ナビ 辺 AB に垂線 CH をひいて，**1 組の三角定規の形**をつくります。

解答

辺 AB に垂線 CH をひくと，特別な直角三角形の 3 辺の比から，

$$CH = \frac{1}{\sqrt{2}}AC = \frac{1}{\sqrt{2}} \times 1 = \frac{\sqrt{2}}{2} \text{ (cm)},$$

$$BC = 2CH = 2 \times \frac{\sqrt{2}}{2} = \sqrt{2} \text{ (cm)}$$

ここで，辺 AB を軸に 1 回転させると，2 つの円錐を組み合わせた立体になる。

この立体の表面積は，

$$\pi \times 1 \times \frac{\sqrt{2}}{2} + \pi \times \sqrt{2} \times \frac{\sqrt{2}}{2}$$

$$= \frac{\sqrt{2}}{2}\pi + \pi \text{ (cm}^2\text{)}$$

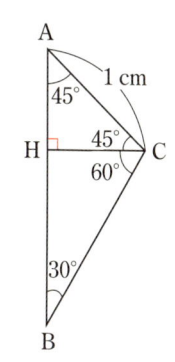

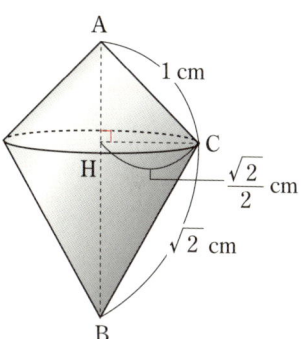

[注意] 円錐の側面積 ＝ π × 母線の長さ × 底面の半径（p.72）を用いました。

三平方の定理 75

正三角形の面積

1辺の長さが a の正三角形の面積は，

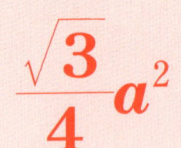

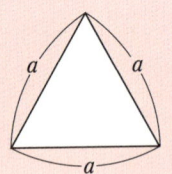

$$\frac{\sqrt{3}}{4}a^2$$

例題

右の図のひし形の面積を求めなさい。 （青森県）

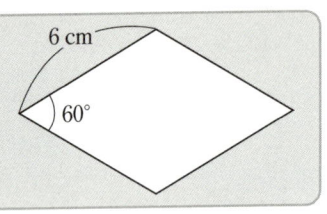

使い方ナビ 対角線をひくと，2つの正三角形に分けることができます。

解答

右の図のように，対角線をひくと，1辺が 6 cm の正三角形が 2 個できる。

ひし形の面積は，

$$\left(\frac{\sqrt{3}}{4}\times 6^2\right)\times 2 = \underline{18\sqrt{3}\ (\text{cm}^2)}$$

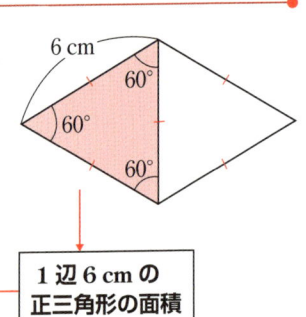

1辺 6 cm の正三角形の面積

公式のなりたち！

右の図のように，垂線 AH をひきます。

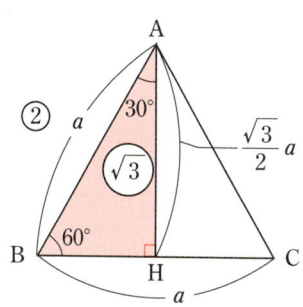

△ABH において，特別な直角三角形の 3 辺の比から，

$$AH = \frac{\sqrt{3}}{2}AB = \frac{\sqrt{3}}{2}a$$

よって，

$$\triangle ABC = \frac{1}{2} \times BC \times AH$$
$$= \frac{1}{2} \times a \times \frac{\sqrt{3}}{2}a = \frac{\sqrt{3}}{4}a^2$$

したがって，

> **1 辺の長さが a の正三角形の面積は，$\frac{\sqrt{3}}{4}a^2$**

となります。

また，この公式を利用すると，正六角形の面積も求めることができます。

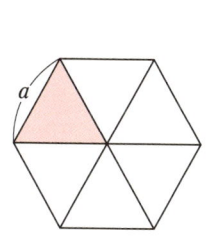

右の図のように，対角線をひくことで正三角形 6 個に分けることができます。したがって，1 辺の長さが a の正六角形の面積は，

$$\frac{\sqrt{3}}{4}a^2 \times 6 = \frac{3\sqrt{3}}{2}a^2$$

となります。

76 三平方の定理

3辺がわかっている三角形の面積

1つの頂点から垂線をひいて、

高さ h に関する方程式をつくる。

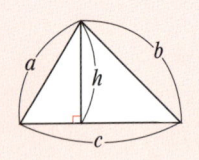

例題

右の図で、AB = 15cm、BC = 14cm、AC = 13cm のとき、△ABC の面積を求めなさい。　（三重県改題）

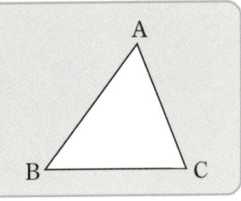

使い方ナビ

辺 BC に垂線 AH をひいて、**AH^2 を2通りの方法**で表します。

解答

BH = x cm とする。△ABH において、
$$AH^2 = 15^2 - x^2 \quad \cdots\cdots ①$$
△ACH において、
$$AH^2 = 13^2 - (14-x)^2 \quad \cdots\cdots ②$$
① = ② なので、
$$15^2 - x^2 = 13^2 - (14-x)^2$$
これを x について解くと、$x = 9$
よって①から、$AH = \sqrt{15^2 - 9^2} = \sqrt{144} = 12$ (cm)

$$\triangle ABC = \frac{1}{2} \times BC \times AH = \frac{1}{2} \times 14 \times 12 = \underline{\mathbf{84 \, (cm^2)}}$$

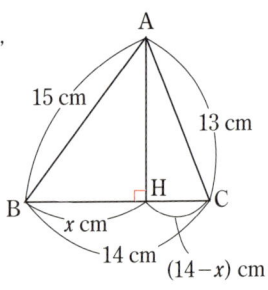

ステップアップ

最初に，**図1**の二等辺三角形は，2辺がわかれば頂角から垂線をひき，三平方の定理から高さ h がわかるので，面積を求めることができます。

図1

また，**図2**の正三角形も同様に1つの頂点から垂線をひけば，特別な直角三角形の3辺の比から高さ h がわかるので，面積を求めることができます（p.134）。

図2

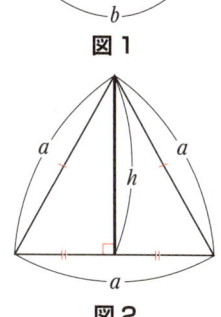

最後に**図3**の3辺がわかっていれば，1つの頂点から垂線をひき，高さ h を2通りの方法で表すことによって，高さ h を求めることができるので，面積を求めることができます。

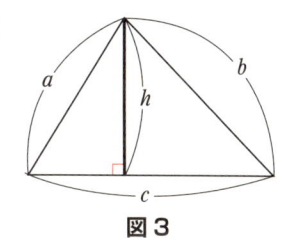

図3

いずれにしても，三角形は3辺がわかっていれば，三平方の定理を用いることで必ず高さがわかるので，面積を求めることができますね。

三角形の面積
3辺の長さが与えられれば，面積は必ず求められる。

77 三平方の定理

線分を回転させてできる図形の面積

点Oを中心に線分ABを1回転させてできる図形の面積 S は，

$$S = \pi(L^2 - \ell^2)$$

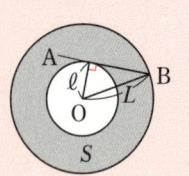

L …点Oから線分ABの最大の長さ
ℓ …点Oから線分ABの最小の長さ

例題

右の図の長方形EBFGは，長方形ABCDを点Bを中心として反時計回りに90°回転移動させたものである。AB = 3 cm，BC = 5 cmのとき，線分CDが通過してできる部分（　　の部分）の面積を求めなさい。 （島根県）

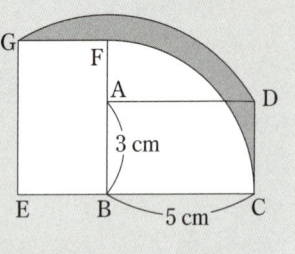

使い方ナビ

点Bを中心に線分CDを90°回転させてできる面積と同じです。つまり，$L = $ BD，$\ell = $ BC となります。

解答

$L^2 = $ BD$^2 = $ BC$^2 + $ CD^2
　　　$= 5^2 + 3^2 = 34$
$\ell^2 = $ BC$^2 = 5^2 = 25$

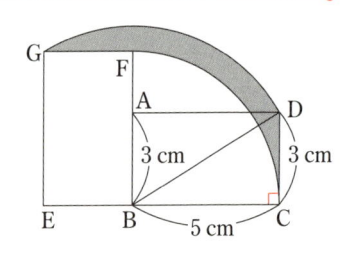

よって，

$$\pi(L^2 - \ell^2) \times \frac{90}{360}$$
$$= \pi \times (34 - 25) \times \frac{90}{360}$$
$$= \underline{\frac{9}{4}\pi} \text{ (cm}^2\text{)}$$

ステップアップ

例題を通して，次のことがわかります。

$\angle \text{BCD} = 90°$ であれば，三平方の定理から，
$L^2 = \text{BD}^2 = \text{BC}^2 + \text{CD}^2$，
$\ell^2 = \text{BC}^2$
なので，

$$\pi(L^2 - \ell^2) \times \frac{90}{360} = \pi(\text{BC}^2 + \text{CD}^2 - \text{BC}^2) \times \frac{90}{360}$$
$$= \pi \times \text{CD}^2 \times \frac{90}{360}$$

つまり，$\angle \text{BCD} = 90°$ のとき，点Bを中心に線分CDを回転移動させてできる面積というのは，

CD の長さだけで決まる

ことがわかります。

三平方の定理 78 直方体の対角線の長さ

直方体の対角線の長さは，

$$\sqrt{a^2+b^2+c^2}$$

つまり，$\sqrt{縦^2+横^2+高さ^2}$

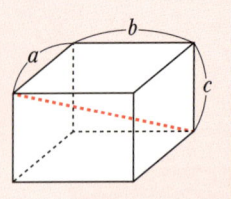

例題

右の図の直方体で，対角線 BH の長さを求めなさい。 (新潟県)

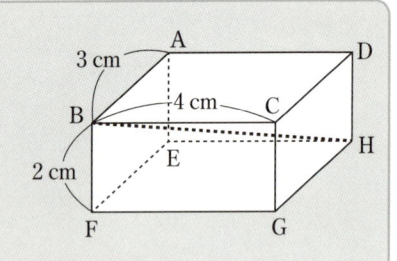

解答

$BH = \sqrt{3^2+4^2+2^2}$
$= \underline{\sqrt{29}\,(cm)}$

公式のなりたち！

三平方の定理を2回用います。
△BFH において，
$BH = \sqrt{BF^2+FH^2}$
$= \sqrt{c^2+FH^2}$ ……☆
また，△FGH において，

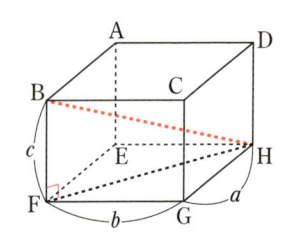

FH^2 = FG^2 + GH^2 = b^2 + a^2

☆に代入すると，
　　BH = $\sqrt{c^2+(b^2+a^2)}$ = $\sqrt{a^2+b^2+c^2}$

となります。

　また，立方体のときは，$a = b = c$ となるので，次のことがいえます。

立方体の対角線の長さ

$$\sqrt{a^2+b^2+c^2} = \sqrt{a^2+a^2+a^2} = \sqrt{3a^2} = \sqrt{3}\,a$$

つまり，

立方体の対角線の長さは，立方体の1辺の長さの$\sqrt{3}$倍

であることがわかります。

➕プラスワン

例 右の図は，1辺が4cmの立方体で，点P，Qはそれぞれ，BF，DH上の点で，BP = HQ = 1cm である。このとき，PQの長さを求めなさい。

（秋田県改題）

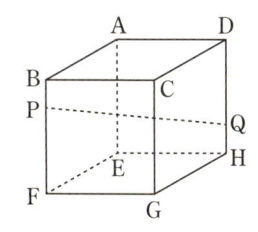

解答

PQは対角線ではないが，右図から，対角線の公式を使って計算することができる。

　　PQ = $\sqrt{4^2+4^2+2^2}$ = $\sqrt{36}$
　　　 = **6（cm）**

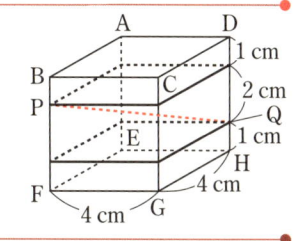

79 三平方の定理 — 空間図形における最短距離

展開図にして、直線をひく。

例題

右の図の直方体で、AB = 6 cm、AD = 2 cm、AE = 3 cm である。点 P を、辺 EF 上に、AP + PG の長さが最小になるようにとるとき、AP + PG の長さを求めなさい。

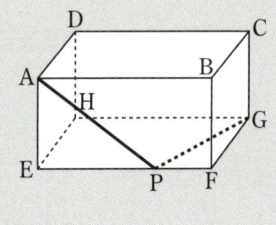

（長野県改題）

使い方ナビ

AP は**面 AEFB 上**、PG は**面 EFGH 上**にあるので、これら 2 つの平面の展開図を抜き出して考えます。

解答

AP + PG が最も短くなるのは、右の図のように、A、P、G が一直線になるときである。

△AHG において、三平方の定理より、

$$AG = \sqrt{AH^2 + HG^2}$$
$$= \sqrt{(3+2)^2 + 6^2}$$
$$= \sqrt{25 + 36} = \underline{\sqrt{61} \text{ (cm)}}$$

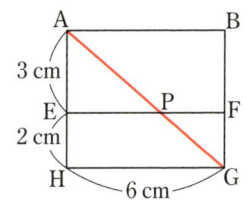

入試では角柱の他には，次の円錐も出題されます。

➕ プラスワン

右の図のように，底面の半径 2 cm，母線の長さ 6 cm の円錐があり，底面の周上にある点 A から，円錐の側面を一周してもとの点 A まで，ひもをゆるまないようにかける。ひもの長さが最も短くなるとき，その長さを求めなさい。 　(新潟県)

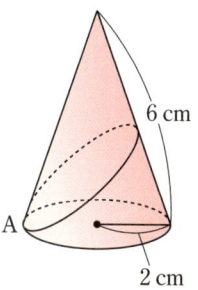

使い方ナビ

円錐の側面のおうぎ形の中心角の大きさは，

$$360° \times \frac{\text{底面の半径}}{\text{母線}}$$

解答

ひもが最も短くなるのは，右の図のように，ひも (AA′) が直線になるときである。中心角の大きさは，

$$360° \times \frac{2}{6} = 120°$$

AA′ の中点を H とすると，

$$AH = \frac{\sqrt{3}}{2} OA = \frac{\sqrt{3}}{2} \times 6$$
$$= 3\sqrt{3} \text{ (cm)}$$

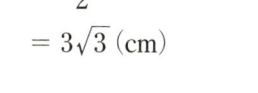

よって，

$$AA' = 2AH = 2 \times 3\sqrt{3} = \underline{6\sqrt{3} \text{ (cm)}}$$

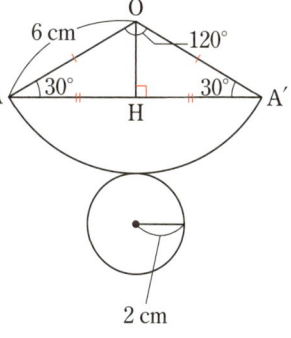

三平方の定理

80 三平方の定理 — 立体の高さと体積の関係

立体の高さを求める場合，
求めたい高さと底面で表した体積の式 A と，
別の底面と高さで表した体積の式 B
をつくり，

方程式 $A=B$ を解く。

例題

右の図のように，立方体の4つの頂点 A, B, C, D を結んでできる立体 K がある。辺 AD の長さが 6 cm のとき，面 ACD を底面としたときの高さを求めなさい。（三重県）

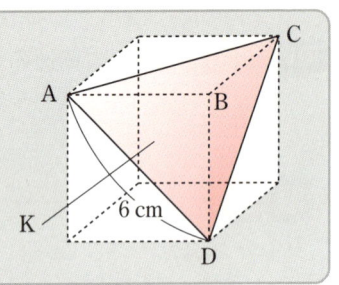

使い方ナビ

立体 B-ACD は三角錐です。△ACD を底面としたときの高さ h で表した体積と，△ABC を底面としたときの高さ DB で表した体積の **2 通り**を考えます。

解答

△ACD を底面としたときの高さを h cm とする。
△ACD は正三角形なので，その面積は，

$$\triangle \text{ACD} = \frac{\sqrt{3}}{4} \times 6^2 = 9\sqrt{3}\ (\text{cm}^2)$$

立体 B-ACD の体積を h を使って表すと，

$\dfrac{1}{3} \times \triangle\text{ACD} \times h = \dfrac{1}{3} \times 9\sqrt{3} \times h$
$\phantom{\dfrac{1}{3} \times \triangle\text{ACD} \times h} = 3\sqrt{3}\,h\,(\text{cm}^3)$
……☆

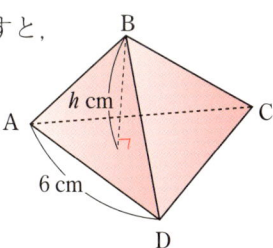

また，△ABC，△ABD は合同な直角二等辺三角形なので，

$\text{AB} = \text{BC} = \text{BD} = \dfrac{1}{\sqrt{2}}\text{AD}$
$\phantom{\text{AB} = \text{BC} = \text{BD}} = \dfrac{1}{\sqrt{2}} \times 6 = 3\sqrt{2}\,(\text{cm})$

立体 B-ACD の体積は，

$\dfrac{1}{3} \times \triangle\text{ABC} \times \text{DB}$
$= \dfrac{1}{3} \times \left(\dfrac{1}{2} \times 3\sqrt{2} \times 3\sqrt{2}\right) \times 3\sqrt{2}$
$= 9\sqrt{2}\,(\text{cm}^3)$ ……★

☆＝★なので，
$3\sqrt{3}\,h = 9\sqrt{2}$

から，
$h = \sqrt{6}$

よって，面 ACD を底面としたときの高さは $\underline{\sqrt{6}\,\textbf{cm}}$

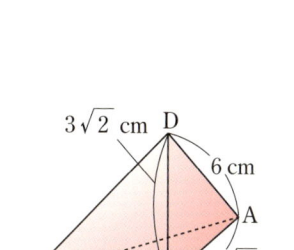

81 相対度数

$$\text{相対度数} = \frac{\text{その階級の度数}}{\text{度数の合計}}$$

例題

右の表は，ある学級のハンドボール投げの記録を度数分布表に整理したものです。度数が最も多い階級の相対度数を求めなさい。

(広島県)

階級(m)	度数(人)
以上 未満 10〜15	2
15〜20	5
20〜25	7
25〜30	4
30〜35	1
35〜40	1
計	20

解答

度数が最も多い階級の度数は，20m以上25m未満の7人である。度数の合計は20人だから相対度数は，

$$\frac{7}{20} = \underline{0.35}$$

確率・統計 82 仮平均

$$\text{平均値} = \text{基準値} + \frac{\text{基準値との差の合計}}{\text{度数の合計}}$$

例題

次の表は，6人の生徒A，B，C，D，E，Fのボール投げの記録から20mをひいた差を示したものである。このとき，6人のボール投げの記録の平均値を求めなさい。

生徒	A	B	C	D	E	F
(ボール投げの記録)−20(m)	+6	−2	+9	0	−4	+3

(三重県)

使い方ナビ 基準値は20mです。これをもとにA〜Fの生徒の**基準値との差**を考えます。

解答

6人のボール投げの記録の平均値は，

$$20 + \frac{6-2+9+0-4+3}{6} = 20 + \frac{12}{6}$$
$$= 20 + 2$$
$$= \underline{22(\text{m})}$$

公式のなりたち！

今回の例題を A〜F の生徒のボール投げの記録の値をそれぞれ計算してから平均値を求めてみます。

6 人の生徒のボール投げの記録の結果は，下の表になります。

生徒	A	B	C	D	E	F
ボール投げの記録(m)	26	18	29	20	16	23

6 人のボール投げの記録の平均値は，

$(26 + 18 + 29 + 20 + 16 + 23) \div 6$

$= \dfrac{26 + 18 + 29 + 20 + 16 + 23}{6}$

$= \dfrac{(20+6)+(20-2)+(20+9)+(20+0)+(20-4)+(20+3)}{6}$

$= \dfrac{20 \times 6}{6} + \dfrac{6-2+9+0-4+3}{6}$

$= 20 + \dfrac{6-2+9+0-4+3}{6}$

（20：基準値、分数部分：基準値との差の合計／度数の合計）

となり，公式がなりたつことがわかります。

仮平均を用いた平均値

$$\text{平均値} = \text{基準値} + \dfrac{\text{基準値との差の合計}}{\text{度数の合計}}$$

今回は例題を使って説明しましたが，度数の合計，基準値が異なっていてもなりたちます。

確率・統計 83 平均値

度数分布表からの平均値の求め方は,

$$\frac{\left(\begin{array}{c}\text{各階級の}\\ \text{階 級 値}\end{array}\right) \times \left(\begin{array}{c}\text{各階級}\\ \text{の度数}\end{array}\right) \text{の総和}}{\text{度数の合計}}$$

例題

右の表は,ある陸上競技大会の男子円盤投げ決勝の記録を度数分布表に表したものである。この度数分布表から記録の平均値を求めなさい。ただし,小数第2位を四捨五入して答えること。

(鹿児島県)

階級(m)	度数(人)
以上 未満 60〜64	5
64〜68	6
68〜72	1
計	12

使い方ナビ 階級値は,階級の真ん中の値のことです。

解答

各階級の階級値は,それぞれ62, 66, 70である。
平均値は,

$$\frac{62 \times 5 + 66 \times 6 + 70 \times 1}{12} = \frac{776}{12} = 64.66\cdots$$

よって,64.66…の小数第2位を四捨五入すると,**64.7m**

確率・統計 84 中央値（メジアン）

個数 n の資料を小さい順に並べたときの中央値（メジアン）は，

n：**奇数** ➡ **中央の値** （$\frac{n+1}{2}$ 番目の値）

n：**偶数** ➡ **中央にある2つの値の平均**

（$\frac{n}{2}$ 番目と $\left(\frac{n}{2}+1\right)$ 番目の値の平均）

例題

ある中学校の陸上部員8人の走り幅とびの記録(cm)は，次のようであった。この8人の記録の中央値を求めなさい。

453, 520, 346, 432, 399, 387, 299, 421

（福井県）

使い方ナビ 資料を値の小さい（大きい）順に並べて整理します。

解答

資料の値を小さい順に並べると，

299, 346, 387, **399**, **421**, 432, 453, 520

4番目の**399**と5番目の**421**の平均が中央値になるので，

$$\frac{399 + 421}{2} = \underline{410 (\text{cm})}$$

確率・統計 85 最頻値（モード）

度数分布表における最頻値は，度数が最も多い階級の階級値

例題

右の表は，あるクラスの1日の家庭での学習時間を度数分布表にまとめたものである。この表から最頻値（モード）を求めなさい。

（兵庫県改題）

階級(分)	度数(人)
以上　未満 0～30	3
30～60	5
60～90	11
90～120	15
120～150	4
150～180	2
計	40

使い方ナビ 資料の値がわかっている場合，最頻値（モード）は最も多く出る値をさします。例題のような度数分布表の場合は，度数が最も多い階級の階級値を表から読み取ります。

解答

最も度数の多い階級は90分以上120分未満の階級。
その階級の階級値が最頻値になる。

したがって，$\dfrac{90+120}{2} = \underline{105 \text{(分)}}$

確率・統計 86 硬貨の表裏の出方

n 枚の硬貨を投げるときの表裏の出方は全部で

2^n 通り

例題

4枚の硬貨A, B, C, Dを同時に投げるとき，2枚が表で，2枚が裏の出る確率を求めなさい。 (福岡県)

使い方ナビ 硬貨の出方, カード, ボールの取り出しかたのように起こりうる場合をすべて考えるには樹形図を使うとよいです。

解答

硬貨4枚の表裏の出方は，
$2^4 = 16$（通り）

2枚表で，2枚裏が出るのは☆の6通り。

求める確率は，
$\dfrac{6}{16} = \dfrac{3}{8}$

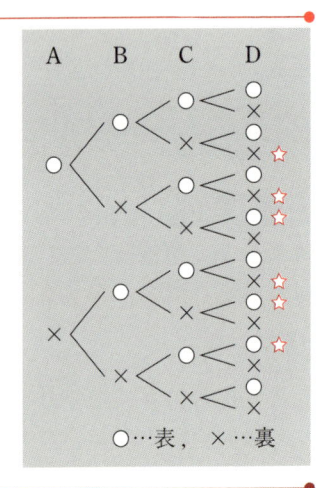

○…表，×…裏

152 | 第7章

確率・統計 87

2つのさいころを投げる

2つのさいころを投げる場合，

6×6ますの表をかいて考える。

例題

2つのさいころを同時に投げるとき，出る目の数の和が8になる確率を求めなさい。　　　（鳥取県）

使い方ナビ

6×6ますの表をかいて，その中から和が8であるものにチェックをしていきます。このようにチェックすることで，もれや間違いを防ぐごとができます。

解答

右の表から，和が8であるものは〇の5通り。

また，2つのさいころ投げるときの目の出方は，

$6 \times 6 = 36$（通り）

和が8になる確率は，$\dfrac{5}{36}$

	1	2	3	4	5	6
1	2	3	4	5	6	7
2	3	4	5	6	7	⑧
3	4	5	6	7	⑧	9
4	5	6	7	⑧	9	10
5	6	7	⑧	9	10	11
6	7	⑧	9	10	11	12

確率・統計

88 起こらない確率

ことがら A の起こる確率を p とするとき,

A の起こらない確率は $1-p$

例題

右の図のような，1から6の数字が書いてある的Aと，1から4までの数字が書いてある的Bがある。それぞれの的について，的を回転させてから矢を1本発射すると，矢は必ず的に当たり，矢が当たった場所に書いてある数を，的Aについては a，的Bについては b とするとき，$\dfrac{2b-1}{a}$ の値が整数にならない確率を求めなさい。

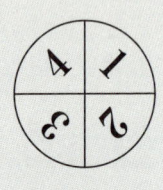

(宮城県)

使い方ナビ $\dfrac{2b-1}{a}$ が整数になる確率を求めます。

解答

$2b-1$ は奇数なので，a が偶数のときは $\dfrac{2b-1}{a}$ は整数にならない。したがって，a が奇数のときを考える。

$a=1$，$b=1$，2，3，4 のとき，

$$\dfrac{2b-1}{a}=1,\ 3,\ 5,\ 7$$

で 4 通り。

$a=3$，$b=2$ のとき，$\dfrac{2b-1}{a}=1$ で 1 通り。

$a=5$，$b=3$ のとき，$\dfrac{2b-1}{a}=1$ で 1 通り。

すべての場合の数は，

$$6\times 4=24\ (通り)$$

なので，求める確率は，

$$1-\dfrac{4+1+1}{24}=1-\dfrac{6}{24}$$

$$=\underline{\dfrac{3}{4}}$$

確率・統計 89 順列

異なる n 個のものから r 個取って並べる順列の総数は，

$$\underbrace{n(n-1)(n-2)\cdots(n-r+1)}_{n \text{ を最大とする } r \text{ 個の自然数の積}}$$

例題

1，2，3，4の数字が1つずつ書かれた4枚のカード①，②，③，④がある。この4枚のカードを横に並べて4けたの整数をつくるとき，4けたの整数は全部で何個つくることができるか求めなさい。

(愛媛県)

使い方ナビ

$n = r = 4$ となります。

解答

$4 \times (4-1) \times (4-2) \times (4-3) = 4 \times 3 \times 2 \times 1$
$= \underline{24(個)}$

(参考) たとえば，A，B，C，Dの4人から3人を選んで，左から
　　ABC，ABD，ACB，ACD，……
のように順序をつけて並べたものを**順列**といいます（この例では24通りあります）。

　また，A，B，C，Dの4人から3人を選ぶとき，その選び方は，
　　(A, B, C)，(A, B, D)，(A, C, D)，(B, C, D)
の4通りあります。このように，順序を考えずに取り出して組にしたものを**組合せ**といいます（p.158）。

公式のなりたち！

例題のパターンで説明をしてみます。

4けたの整数をつくるということは，千の位，百の位，十の位，一の位の数字を決めればよいことがわかります。

まず，千の位の数字の決め方は，1，2，3，4の**4通り**あります。

次に，百の位の数字の決め方は，千の位の数字以外から選ぶので，**3通り**あります。

さらに，十の位の数字の決め方は，千の位，百の位の数字以外から選ぶので，**2通り**あります。

最後に，一の位の数字の決め方は，千の位，百の位，十の位の数字以外から選ぶので，**1通り**となります。

したがって，4けたの整数は全部で

$$4 \times 3 \times 2 \times 1 = 24 \text{（個）}$$

できることがわかります。

例 1，2，3，4，5の5個の数から3個取り出してならべるとき，できる自然数の個数は，
$5 \times 4 \times 3 = 60$（個）

ここで，積を計算していますが，厳密な説明は高校数学で学習することになります。

確率・統計 90

組合せ

異なる n 個のものから r 個取る組合せの総数は,

$$\frac{n(n-1)\cdots(n-r+1)}{r(r-1)\cdots 3\times 2\times 1}$$

$$\frac{(n個からr個とる順列の総数)}{(r個をすべて並べる順列の総数)}$$

例題

6人の生徒A, B, C, D, E, Fがいる。これらの生徒の中から, くじびきで2人選ぶとき, Bが選ばれる確率を求めなさい。 (栃木県)

使い方ナビ くじびきで2人選ぶ方法は, $n=6$, $r=2$ として公式にあてはめて計算します。

解答

くじびきで2人選ばれるのは,

$$\frac{6\times 5}{2\times 1}=15 \text{ (通り)}$$

Bが選ばれるのは, A-B, B-C, B-D, B-E, B-F の5通りなので, 求める確率は,

$$\frac{5}{15}=\underline{\frac{1}{3}}$$

公式のなりたち！

例題のパターンで説明をしてみます。

A～Fまで6人います。そこで，2人選ぶ方法をすべて書いていくと，

	B-A	C-A	D-A	E-A	F-A
A-B		C-B	D-B	E-B	F-B
A-C	B-C		D-C	E-C	F-C
A-D	B-D	C-D		E-D	F-D
A-E	B-E	C-E	D-E		F-E
A-F	B-F	C-F	D-F	E-F	

2人を選ぶ方法は上の表から，全部で6×5（通り）あることがわかります。ただし，A-Bと**B-A**というのは組合せとしては同じです。そのため，

　6×5 を 2×1 でわる

つまり，組合せの総数は，$\dfrac{6 \times 5}{2 \times 1}$ ということになります。

例 7人から3人選ぶ選び方：$7 \times 6 \times 5$ を $3 \times 2 \times 1$ でわって，

$$\dfrac{7 \times 6 \times 5}{3 \times 2 \times 1} = 35（通り）$$

ここで，順列と同様に積を計算していますが，厳密な説明は高校数学で学習することになります。

また，中学数学では樹形図や表にまとめて整理して考える問題がほとんどなので，nやrは小さい値になります。

ここでは，このような方法で計算すると，問題を解くスピードがあがるということで紹介しました。

確率・統計

〔著者紹介〕

阿部　雄次（あべ　ゆうじ）

1982年千葉県生まれ。

大学生時代は数学を専攻し、その中でも素数分布論について研究をする。その際にわからない物事に対しては、常に考える癖を身に付け、それを今の仕事のベースとしている。

2007年秀英予備校に入社し、現在は、生徒と先生をサポートするために、業務本部教務課にて、算数と中学生の数学のテキスト、学力テスト等の作成業務を中心に行う。

また、生徒の学力や学習状況を把握するために授業も行っている。

高校入試　数学の解法パターン　まる覚え90 （検印省略）

2014年8月28日　　第1刷発行
2025年6月15日　　第13刷発行

著　者　　阿部　雄次（あべ　ゆうじ）
発行者　　山下　直久

発　行　　株式会社KADOKAWA
　　　　　〒102-8177　東京都千代田区富士見2-13-3
　　　　　電話 0570-002-301（ナビダイヤル）

●お問い合わせ
https://www.kadokawa.co.jp/　（「お問い合わせ」へお進みください）
※内容によっては、お答えできない場合があります。
※サポートは日本国内のみとさせていただきます。
※Japanese text only

定価はカバーに表示してあります。

DTP／フォレスト　印刷・製本／加藤文明社

Ⓒ2014 Shuei-yobiko Co.Ltd., Printed in Japan.
ISBN978-4-04-600855-8　C6041

本書の無断複製（コピー、スキャン、デジタル化等）並びに無断複製物の譲渡及び配信は、著作権法上での例外を除き禁じられています。また、本書を代行業者などの第三者に依頼して複製する行為は、たとえ個人や家庭内での利用であっても一切認められておりません。